全国高职高专“十二五”规划教材

微型计算机组装与维护实用教程

主　编　王际川　周永福

副主编　郭宏生　梁红英　石芳堂　孙　元

中国水利水电出版社
www.waterpub.com.cn

内 容 提 要

本书以微型计算机组装为主线，较为系统地介绍了微型计算机各硬部件的作用、性能指标以及选购策略，全面地介绍了系统的安装使用和微机维护的常识。全书共 12 章，介绍了微型计算机概述、中央处理器（CPU）、主板、内存、外部存储器、输入输出设备、其他设备、组装计算机、BIOS 设置与硬盘初始化、笔记本电脑、操作系统与驱动程序的安装以及微机维护与故障诊断等内容，并提供了 9 个实训方案。通过理论与实践相结合，帮助读者掌握所学知识。

本书可以作为高职高专计算机相关专业和非计算机专业相关课程的教材，也可以作为计算机维修维护人员、销售以及技术支持的专业人员和广大计算机爱好者参考和自学用书。

本书配有免费电子教案，读者可以从中国水利水电出版社网站以及万水书苑下载，网址为：http://www.waterpub.com.cn/softdown/或 http://www.wsbookshow.com。

图书在版编目（CIP）数据

微型计算机组装与维护实用教程 / 王际川，周永福主编. -- 北京 : 中国水利水电出版社，2013.8
全国高职高专“十二五”规划教材
ISBN 978-7-5170-1189-7

Ⅰ. ①微… Ⅱ. ①王… ②周… Ⅲ. ①微型计算机－组装－高等职业教育－教材②微型计算机－维修－高等职业教育－教材 Ⅳ. ①TP36

中国版本图书馆CIP数据核字(2013)第200679号

策划编辑：石永峰　赵　杨　　责任编辑：李　炎　　加工编辑：李　燕　　封面设计：李　佳

书　名	全国高职高专“十二五”规划教材 微型计算机组装与维护实用教程
作　者	主　编　王际川　周永福 副主编　郭宏生　梁红英　石芳堂　孙　元
出版发行	中国水利水电出版社 （北京市海淀区玉渊潭南路 1 号 D 座　100038） 网址：www.waterpub.com.cn E-mail：mchannel@263.net（万水） sales@waterpub.com.cn 电话：（010）68367658（发行部）、82562819（万水）
经　售	北京科水图书销售中心（零售） 电话：（010）88383994、63202643、68545874 全国各地新华书店和相关出版物销售网点
排　版	北京万水电子信息有限公司
印　刷	北京蓝空印刷厂
规　格	184mm×260mm　16 开本　11.5 印张　285 千字
版　次	2013 年 8 月第 1 版　2013 年 8 月第 1 次印刷
印　数	0001—3000 册
定　价	22.00 元

前　　言

本书详细介绍了最新的微型计算机组成硬部件，主要包括中央处理器（CPU）、主板、内存、硬盘、光驱及光盘、显卡、显示器以及各种输入输出设备等，对于 CPU、主板、内存等重要硬部件较为详细地讲述了其性能指标、功能作用、新技术的发展等，通过选购策略帮助读者选购合适硬件。本书还涉及到了各硬部件的工作原理，各硬件的组装、主流操作系统的安装调试、驱动程序的安装、微型计算机维护的常见注意事项等。

针对品牌机、笔记本用户的不断增多，本教材对于品牌机概念、驱动程序等升级维护，笔记本电脑的组成、日常保养、选购以及升级进行了讲述；同时对于较为热门的超极本、平板电脑等新设备的特点、选购常识进行了说明。

软件方面，对于目前网络，特别是家庭网络的普及，将“无线路由器配置”作为本书的一项讲解内容；对于主流操作系统提供了 BIOS 设置、硬盘分区格式化、Windows XP 和 Windows 7 操作系统以及驱动程序安装等全过程，并讲述了通过 Ghost、U 盘安装操作系统的方法。

本书注重实践，提供 9 个实训案例或方案，结合内容特点还提供了到校外微机硬件市场调查、微机硬件检测与测试等其他教材鲜有的内容，更加具有针对性、实用性和新颖性。

本书可操作性强，图文并茂，简单易懂，理论与实践并重，同时去除陈旧复杂而不实用的内容，重点培养读者动手实践和解决问题的能力。

本书共 12 章，建议课时安排 50～70 学时，其中实训安排 20～30 学时。

本书由王际川、周永福任主编，郭宏生、梁红英、石芳堂、孙元任副主编。王际川确定了全书的内容框架和提纲，负责体例安排、统稿定稿、书稿校对等工作。

由于编者水平有限，书中难免存在缺点和错误，恳请广大读者批评指正。

编　者

2013 年 6 月

目　录

第1章　微型计算机概述

计算机是20世纪人类社会最伟大的科学技术发明之一，对人类的生产活动和社会活动产生了极其重要的影响，并以强大的生命力飞速发展。它的应用领域从最初的军事科研应用扩展到社会的各个领域，已形成了规模巨大的计算机产业，带动了全球范围的技术进步，由此引发了深刻的社会变革。计算机已遍及学校、企事业单位，进入寻常百姓家，成为信息社会中必不可少的工具。它是人类进入信息时代的重要标志之一。

1.1　计算机产生与发展

真正意义上的电子计算机诞生于1946年2月15日美国宾夕法尼亚大学，它的名称是The Electronic Numberical Intergrator and Computer，缩写为ENIAC（埃尼亚克）。

图1-1　冯·诺依曼

ENIAC 奠定了电子计算机的发展基础，在计算机发展史上具有划时代的意义，标志着电子计算机时代的到来。随后，美国数学家冯·诺依曼（见图1-1）提出了计算机“存储程序”方式工作和电子计算机以二进制为运算基础的重要电子计算机理论，明确指出了计算机结构组成包括五个部分：运算器、控制器、存储器、输入设备和输出设备，对计算机的发展起到了决定性作用。今天我们绝大部分计算机还是采用冯·诺依曼方式工作。如图1-2所示为冯·诺依曼计算机体系结构。

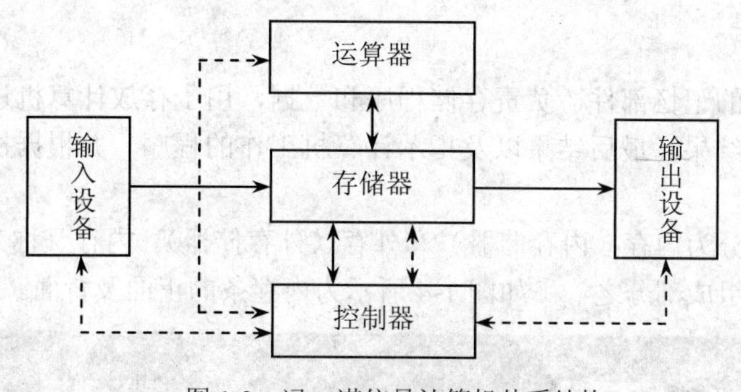

图1-2　冯·诺依曼计算机体系结构

1.2　微型计算机

微型计算机简称“微型机”、“微机”、“电脑”，是由大规模集成电路组成的、体积较小的电子计算机。它是以微处理器为基础，配以内存储器及输入输出（I/O）接口电路和相应的辅助电路而构成的裸机。特点是体积小、灵活性大、价格便宜、使用方便。

一个完整的微型计算机系统是由软件系统和硬件系统两部分组成的。两者在计算机技术的发展中相辅相成，缺一不可。

计算机硬件系统指组成一台计算机的各种物理装置，它们由各种实在的器件所组成。直观地看，计算机硬件是一大堆设备，它们是计算机进行工作的物质基础。通常把不装备任何软件的计算机称为裸机。

计算机软件指在硬件设备上运行的各种程序、数据以及有关的资料。程序实际上是用于指挥计算机执行各种动作以便完成指定任务的指令集合。计算机的应用普及正是由于丰富的软件促成的，使计算机能够出色的完成各项操作任务。

1.2.1 微型计算机硬件系统

按照冯·诺依曼计算机体系结构划分，微型计算机硬件系统主要由以下部分组成：

1. 中央处理器 CPU

中央处理器 CPU（Central Processing Unit），主要包括运算器和控制器两个部件，是两者的集成电路芯片。运算器负责对数据进行算术和逻辑运算（即对数据进行加工处理）；控制器负责对程序所规定的指令进行分析，控制并协调输入、输出操作或对内存的访问。

中央处理器是微型计算机系统的核心，微型计算机所有操作都由 CPU 处理和控制。如图 1-3 所示为 CPU 正面外观。

图 1-3 CPU 正面外观

2. 存储器

存储器是计算机的记忆部件，负责存储程序和数据，用于存放计算机进行信息处理所必须的原始数据、中间结果、最后结果以及指示计算机工作的程序，并根据控制命令提供这些程序和数据。

计算机的存储器分为内存（内存储器）和外存（外存储器）。内存又称为主存，是冯·诺依曼计算机体系中的组成部分之一。如图 1-4 所示为内存条的正面及背面。

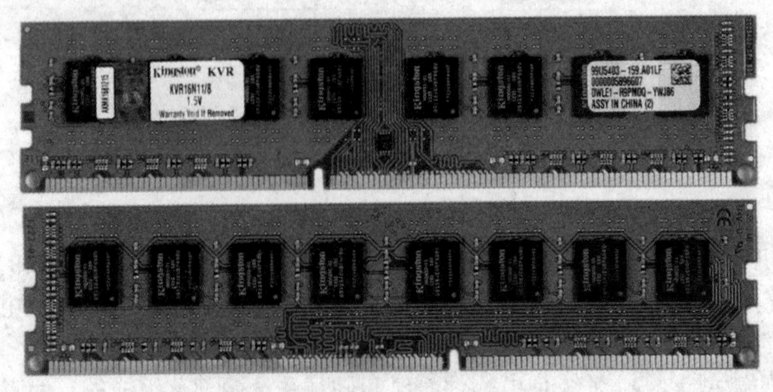

图 1-4 内存条正面及背面

外存又称辅助存储器（辅存），容量一般都比较大，能够永久存储数据，便于不同计算机之间进行信息交流。常用的外存有硬盘、磁盘、光盘及光驱、U 盘等，如图 1-5 所示。

图 1-5　常用外部存储器——硬盘、光驱

3. 输入设备

输入设备是外界向计算机传送信息的装置，负责把用户的信息（包括程序和数据）输入到计算机中。在微型计算机系统中，最常用的输入设备有键盘和鼠标。

4. 输出设备

输出设备的作用是将计算机处理的结果传送到外部媒介，并转化成某种为人们所需要的表示形式。例如，将计算机中的程序、程序运行结果、图形、录入的文章等在显示器上显示出来，或者用打印机打印出来。最常用的输出设备是显示器和打印机。

1.2.2　微型计算机软件系统

计算机软件分为系统软件和应用软件两大类。

系统软件是指控制和协调计算机及外部设备，支持应用软件开发和运行的系统，是无需用户干预的各种程序的集合，主要功能是调度、监控和维护计算机系统；负责管理计算机系统中各种独立的硬件，使得它们可以协调工作。系统软件使得计算机使用者和其他软件将计算机当作一个整体而不需要顾及到底层每个硬件是如何工作的。

常见的系统软件有操作系统、语言处理程序、数据库管理系统以及辅助程序。

常用操作系统有 Windows（主要版本有 WinXP、Win7、Win8 等），UNIX、Linux 和 DOS 等。

语言处理程序一般是由汇编程序、编译程序、解释程序和相应的操作程序等组成。它是为用户设计的编程服务软件，其作用是将高级语言源程序翻译成计算机能识别的目标程序。

数据库管理系统（DBMS）是一种操纵和管理数据库的大型软件，用于建立、使用和维护数据库。它对数据库进行统一的管理和控制，以保证数据库的安全性和完整性。

应用软件是指除了系统软件以外的所有软件，它是用户利用计算机及其提供的系统软件为解决各种实际问题而编制的计算机程序。应用软件是为满足用户不同领域、不同问题的应用需求而提供的那部分软件。它可以拓宽计算机系统的应用领域，放大硬件的功能。

常见的应用软件有以下几种：

① 办公软件，如微软 Office、金山 WPS。

② 图像处理软件，如 Adobe Photoshop、Illustrator、ACDSee。

③ 信息管理系统，如各行业办公 OA 软件、火车票销售系统、电子商务类网站等。

④ 网络工具类软件，如迅雷、电驴。

⑤ 多媒体类软件，如暴风影音、千千静听等。

⑥ 安全杀毒类软件，如360安全卫士、瑞星杀毒软件等。

⑦ 系统工具类软件，如EVEREST、CPU-Z等。

1.3 微型计算机硬件的基本组成

如图1-6所示为微型计算机及其内部结构图。表1-1所示为微型计算机的硬件组成。

图1-6 微型计算机及其内部结构图

表1-1 微型计算机硬件组成

序号	硬件名称	功能简介
1	主板	主板由CPU插槽、内存插槽、一些专用辅助电路芯片、输入输出扩展槽、键盘接口以及一些外围接口和控制开关等
2	CPU	CPU是中央处理器的简称。CPU负责整个电脑的运算和控制，它是计算机的大脑，它决定着计算机的主要性能和运行速度
3	内存	内存是计算机的主存储器，临时存储数据。在计算机工作时，它存放着电脑运行所需要的数据，关机后，内存中的数据将全部消失
4	硬盘	硬盘驱动器是微机系统中最主要的外部存储设备，是系统装置中重要的组成部分，它通过主板的硬盘适配器与主板连接
5	光驱	光盘驱动器和光盘一起构成计算机的外存。光盘的存储容量很大，目前计算机上配备的光驱一般都具备可读写的功能，即刻录功能
6	系统功能扩展卡	系统功能扩展卡也称适配器、功能卡。计算机的功能卡一般有显卡、声卡、网卡等。各种适配器与主板相连接才能工作
7	显示器	显示器是微型计算机不可缺少的输出设备。显示器可显示程序的运行结果，显示输入的程序或数据等。目前市场的主流产品为液晶显示器
8	机箱及电源	机箱内安装以上各部件，并且有键盘插口、网卡插口、USB插口等扩展接口；电源为计算机系统提供动力
9	键盘	键盘是计算机最重要的输入设备。用户的各种命令、程序和数据都可以通过键盘输入计算机。键盘的标准接口为USB接口和PS/2接口
10	鼠标	鼠标是一种屏幕坐标定位装置，不能直接输入字符和数字。在图形处理软件的支持下，在屏幕上使用鼠标处理图形要比键盘方便得多
11	其他设备	根据需要可以选择音箱、摄像头、麦克风等为微型计算机增强多媒体功能；选择打印机、扫描仪等可以方便办公

1.4 组装微型计算机的“九步曲”

第一步：确定微型计算机用途

目前，微型计算机用途大致可以分为：用于办公、家庭娱乐、游戏娱乐、图形图像处理、音频视频处理。

确定用途是组装微型计算机乃至选购微型计算机的必要环节，确定用途后，就可以确定哪些部件需要加强，将钱用在刀刃上，如用于图形图像处理的微型计算机，稳定的主板、专业的显卡、性能好的显示器是应该尤为注重的。

第二步：收集市场信息，制定装机计划

随着微型计算机基础飞速发展，微型计算机硬件更新速度越来越快，大约两年硬件便会更新换代。所以我们要了解目前市场上微型计算机的主流配置，保证所选购的各硬件在短期内不会过时。

可以通过IT专业资讯网站，如“中关村在线”等了解各硬件的最新行情，各硬件的测试评价信息，根据经验，新上市的硬件普遍价格昂贵，技术也不一定很成熟，最好选择上市1～2年的产品，以此为依据制定初步的微型计算机配置方案，当然还要结合自己的预算情况，制定装机计划。

第三步：采购各个硬件

按照制定好的装机配置方案采购各硬件。采购硬件应该做到货比三家，既要比价格，更要比信誉、比质量。要逐一检查各硬件的包装是否完好，配件与包装盒上是否一致，采购前要问好保修政策，索要发票，一般硬件保修政策是三个月包换，一年保修。

第四步：组装微型计算机硬件

将采购的硬件打开包装，注意保存保修单和各硬件的驱动程序，然后就可以组装微型计算机了。组装微型计算机过程、方法及注意事项请参看第8章内容。

第五步：硬盘初始化与安装操作系统

微型计算机组装完成后首先要通过BIOS程序进行CMOS设置，然后完成硬盘的分区、格式化，也就是硬盘的初始化过程，然后完成操作系统的安装。目前，流行的操作系统主要有Windows XP、Win7和Win8。

第六步：安装设备驱动程序

操作系统安装完毕后，需要进行设备驱动程序的安装，主要包括主板、显卡、网卡、声卡等硬件的驱动程序，然后按照系统提示，重新启动计算机，便完成了驱动程序的安装。

第七步：安装各种应用程序

根据个人需要可以安装所需的应用程序，主要有Office办公软件，即时通讯软件腾讯QQ，图形图像以及网络工具等。到这里就完成了整个计算机硬件、软件的安装。

第八步：做好系统备份文件

可以使用工具软件，如Ghost等进行系统备份，主要是对系统盘进行整盘备份，方便今后使用计算机过程中软件系统发生问题可以及时修复。

第九步：进行72小时的拷机

通过拷机能够测试检验各硬件的质量性能，各硬件间的兼容性有无冲突等，如果发现硬件的问题，可以及时联系供应商进行更换或维修。

1.5 组装计算机与品牌计算机

1980年代初期，市场上存在大量不同标准的个人电脑，例如Apple机、TRS-80机、日本的PC-9801机等。1981年8月，IBM推出了IBM PC。 1982年，IBM公开了IBM PC上除BIOS之外的全部技术资料，从而形成了PC机的“开放标准”，使不同厂商的标准部件可以互换。开放标准聚拢了大量板卡生产商和整机生产商，大大促进了PC机的产业化发展速度。到1990年代初，个人电脑市场上仅剩下IBM PC兼容机和麦金塔电脑（Macintosh）两个主要系列，并且IBM兼容机数量占据了绝对主导地位。

因此从概念上来说兼容机就是由不同公司厂家生产的具有相同系统结构的计算机。个人组装计算机和品牌计算机都属于兼容机。品牌机常见品牌有联想、方正、清华同方、DELL等。

那么我们在购买计算机过程中应该怎样去考虑呢？通过表1-2组装计算机与品牌计算机对比，应该能够找到一些答案。

表1-2 组装计算机与品牌机对比

对比项目	品牌机	组装机
稳定性	稳定性相对好	稳定性相对较差
兼容性	兼容性好	兼容性影响因素不定
扩展性	扩展性差	扩展性好
性价比	低	高
售后服务	好	差
实用性	弱	强
外观对比	美观	个性较强

我们可以发现，如果对计算机需求处在办公、上网等日常操作的用户，非计算机专业用户，建议购买品牌机，购买的是服务和稳定性；对于美术设计、广告、影楼、音乐创作乃至游戏玩家等用户，建议购买组装电脑，可以重点选择相应的如专业显卡、显示器、专业声卡、专业音箱、游戏显卡等，购买的是高性能、良好的扩展性。

练习题

一、选择题

1．世界上第一台电子计算机诞生于（　）。

A．美国哥伦比亚大学　　B．美国宾夕法尼亚大学

C．牛津大学　　D．哈佛大学

2．中央处理器主要包括（　）两个部件。

A．运算器和控制器　　B．运算器和存储器

C．存储器和控制器　　D．寄存器和存储器

3．下列不属于外存的是（　　）。

A．硬盘　　B．光盘　　C．U 盘　　D．SD 卡

二、填空题

1．一个完整的微机系统主要由________和________两部分组成。

2．常用的操作系统有________、________、________、________、Win7、Win8。

3．冯·诺依曼计算机体系结构中包括________、________、________、输入设备、输出设备。

三、简答题

1．说说你用过的几款应用软件，它们都帮助你完成了哪些工作？

2．举例说出你所用过的或见到过的计算机外接设备？

第 2 章　中央处理器（CPU）

中央处理器（Central Processing Unit，CPU），是一台计算机的运算核心和控制核心。CPU 由运算器、控制器和寄存器及实现它们之间联系的数据、控制及地址的总线构成。其功能主要是解释计算机指令以及处理计算机软件中的数据。如图 2-1 所示为 AMD 与 Intel CPU 外观图。

图 2-1　AMD 与 Intel CPU 外观图

CPU 工作方式为：从存储器或高速缓冲存储器中取出指令，放入指令寄存器，并对指令译码，并执行指令。所谓计算机的可编程性主要是针对 CPU 而言。

2.1　CPU 发展简史

中央处理器（CPU）是计算机发展的重要标志，每当一款新型的 CPU 出现，就会带动计算机系统的其他部件的相应发展，如计算机体系结构的进一步优化，存储器存取容量的不断增大、存取速度的不断提高，外围设备的不断改进以及新设备的不断出现等。

根据 CPU 的字长和功能，可将其发展划分为以下几个阶段。

第 1 阶段（1971～1973 年）是 4 位和 8 位低档微处理器时代，通常称为第 1 代。其典型产品是 Intel4004 和 Intel8008 微处理器和分别由它们组成的 MCS-4 和 MCS-8 微机。基本特点是采用 PMOS 工艺，集成度低（4000 个晶体管/片），系统结构和指令系统都比较简单，主要采用机器语言或简单的汇编语言，指令数目较少（20 多条指令），基本指令周期为 20～50μs，用于简单的控制场合。

第 2 阶段（1971～1977 年）是 8 位中高档微处理器时代，通常称为第 2 代。其典型产品是 Intel8080/8085。它的特点是采用 NMOS 工艺，集成度提高约 4 倍，运算速度提高约 10～15 倍（基本指令执行时间 1～2μs），指令系统比较完善，具有典型的计算机体系结构和中断、DMA 等控制功能。软件方面除了汇编语言外，还有 BASIC、FORTRAN 等高级语言和相应的解释程序与编译程序，在后期还出现了操作系统。

第 3 阶段（1978～1984 年）是 16 位微处理器时代，通常称为第 3 代。其典型产品是 Intel 公司的 8086/8088、80286。其特点是采用 HMOS 工艺，集成度（20000～70000 晶体管/片）和运算速度（基本指令执行时间是 0.5μs）都比第 2 代提高了一个数量级。指令系统更加丰富、完善，采用多级中断、多种寻址方式、段式存储机构、硬件乘除部件，并配置了软件系统。这一时期 IBM 公司推出的个人计算机对内存进行了扩充，并增加了一个硬磁盘驱动器。由于 IBM 公司在发展个人计算机时采用了技术开放的策略，使个人计算机风靡世界。

第 4 阶段（1985～1992 年）是 32 位微处理器时代，又称为第 4 代。其典型产品是 Intel 公司的 80386/80486。其特点是采用 HMOS 或 CMOS 工艺，集成度高达 100 万个晶体管/片，具有 32 位地址总线和 32 位数据总线。其处理速度可达 6 百万条指令每秒(Million Instructions Per Second，MIPS)。微型计算机的功能已经达到甚至超过超级小型计算机，完全可以胜任多任务、多用户的作业。同期，其他一些微处理器生产厂商（如 AMD、TEXAS 等）也推出了 80386/80486 系列的芯片。

第 5 阶段（1993～2005 年）是奔腾（Pentium）系列微处理器时代，通常称为第 5 代。典型产品是 Intel 公司的奔腾系列芯片及与之兼容的 AMD 的 K6 系列微处理器芯片。内部采用了超标量指令流水线结构，并具有相互独立的指令和数据高速缓存。随着 MMX（MultiMediaeXtended）微处理器的出现，使微机的发展在网络化、多媒体化和智能化等方面跨上了更高的台阶。

1997 年推出的 Pentium II 处理器结合了 Intel MMX 技术，能以极高的效率处理影片、音效，以及绘图资料，首次采用 Single Edge Contact(S.E.C)匣型封装，内建了高速快取记忆体。这款晶片使电脑使用者撷取、编辑、以及通过网际网络和亲友分享数位相片，编辑与新增文字、音乐或制作家庭电影的转场效果，使用视讯电话以及通过标准电话线与网际网络传送影片，Intel Pentium II 处理器晶体管数目为 750 万颗/片。

Pentium III 处理器加入 70 个新指令，加入网际网络串流 SIMD 延伸集，能大幅提升先进影像、3D、串流音乐、影片、语音辨识等应用的性能，它能大幅提升网际网络的使用经验，让使用者能浏览逼真的线上博物馆与商店，以及下载高品质影片。Intel 首次导入 0.25 微米技术，Intel Pentium III 晶体管数目约为 950 万颗/片。

2000 年推出的 Pentium 4 处理器内建了 4200 万个晶体管，以及采用 0.18 微米的电路，Pentium 4 初期推出版本的速度就高达 1.5GHz，晶体管数目约为 4200 万颗/片。翌年 8 月，Pentium 4 处理器达到 2 GHz 的里程碑。2002 年英特尔推出新款 Intel Pentium 4 处理器，内含创新的 Hyper-Threading(HT)超线程技术。超线程技术打造出新一代的高性能桌面级计算机，能同时快速执行多项运算任务，或针对支持多重线程的软件带来更高的性能。超线程技术让电脑性能增加 25%。除了为桌面级计算机使用者提供超线程技术外，英特尔也树立了另一项电脑里程碑，就是推出运作频率达 3.06 GHz 的 Pentium 4 处理器，是首款每秒执行 30 亿个运算周期的商业微处理器，如此优异的性能要归功于当时业界最先进的 0.13 微米制程技术，翌年，内建超线程技术的 Intel Pentium 4 处理器频率达到 3.2 GHz。

第 6 阶段（2005 年至今）是酷睿（Core）系列微处理器时代，通常称为第 6 代。“酷睿”是一款领先节能的新型微架构，设计的出发点是提供卓然出众的性能和能效，提高每瓦特性能，也就是所谓的能效比。早期的酷睿是基于笔记本处理器的。酷睿 2：英文名称为 Core 2 Duo，是英特尔在 2006 年推出的新一代基于 Core 微架构的产品体系统称，于 2006 年 7 月 27 日发布。酷睿 2 是一个跨平台的构架体系，涉及服务器版、桌面版、移动版三大领域。其中，服务器版的开发代号为 Woodcrest，桌面版的开发代号为 Conroe，移动版的开发代号为 Merom。

酷睿 2 处理器的 Core 微架构是 Intel 的以色列设计团队在 Yonah 微架构基础之上改进而来

的新一代英特尔架构。最显著的变化在于在各个关键部分进行强化。为了提高两个核心的内部数据交换效率，采取共享式二级缓存设计，2 个核心共享高达 4MB 的二级缓存。

SNB（Sandy Bridge）是英特尔在 2011 年初发布的新一代处理器微架构，这一构架的最大意义莫过于重新定义了“整合平台”的概念，与处理器“无缝融合”的“核芯显卡”终结了“集成显卡”的时代。这一创举得益于全新的 32nm 制造工艺。由于 Sandy Bridge 构架下的处理器采用了比之前的 45nm 工艺更加先进的 32nm 制造工艺，理论上实现了 CPU 功耗的进一步降低，及其电路尺寸和性能的显著优化，这就为将整合图形核心（核芯显卡）与 CPU 封装在同一块基板上创造了有利条件。此外，第二代酷睿还加入了全新的高清视频处理单元。视频转解码速度的高与低和处理器是有直接关系的，由于高清视频处理单元的加入，新一代酷睿处理器的视频处理时间比老款处理器至少提升了 30%。

在 2012 年 4 月 24 日在北京天文馆，Intel 正式发布了 Ivy bridge（IVB）处理器。22nm Ivy Bridge 会将执行单元的数量翻一番，达到最多 24 个，自然会带来性能上的进一步跃进。Ivy Bridge 会加入对 DirectX 11 的支持的集成显卡。另外新加入的 XHCI USB 3.0 控制器则共享其中四条通道，从而提供最多四个 USB 3.0，从而支持原生 USB3.0。制作过程中采用 3D 晶体管技术的 CPU 耗电量会减少一半。

2.2 主流 CPU

目前，IT 市场主流的 CPU 被 Intel 公司和 AMD 公司所占据。以“中关村在线”为参考，2013 年 3 月市场在售 CPU 当中 Intel 公司共 170 款产品，价格从 80 元到 7599 元，AMD 公司共有 126 款，价格从 170 元到 1699 元。两公司产品各具特点，但从两者所占市场份额来看，近几年来 Intel 公司始终维持在 80%左右，是 CPU 市场真正的龙头企业。下面我们以 Intel 公司主流产品为例，介绍主流 CPU。

Intel 公司的主流产品主要包括 Celeron 系列、Pentium 系列、Core 2 系列和 Core i 系列。

1. Celeron 系列处理器

Celeron 中文名称为赛扬处理器，是 Intel 公司为满足低端市场需求而推出的低端处理器产品。

赛扬系列处理器与同期的 Pentium 和 Core 2 处理器使用相同的核心。赛扬处理器是将有缺陷的其他处理器（如奔腾、酷睿、迅驰）屏蔽缺陷部分而来，或者直接削减二级缓存，仅是 Intel 为了进攻低端市场而设计的入门级 CPU，最初生产时频率 266MHz，开始没有 2 级缓存（L2 Cache），后来因整数性能太差加入了 128K 或 256K 的 L2 缓存，用于移动处理的赛扬 M（Celeron-M）处理器则有 1M 的 L2 Cache，凭借其良好的超频性能和便宜的价格，赢得了许多用户及超频玩家的喜爱。

Intel 以前制造过的赛扬处理器版本有 Celeron 2、Celeron 3、Celeron 4、Celeron J，现在活跃在市场上的有 Celeron M、Celeron D、及采用新一代酷睿架构的赛扬双核处理器 Celeron E，如图 2-2 所示。这将使更多用户以更实惠的价格体验到 INTEL 的双核处理器。

图 2-2　Intel 赛扬双核 E3200 外观图

目前市场 Celeron 系列处理器以双核系列处理器为

主，插槽类型以 LGA1155、LGA775 为主，主频从 2.4GHz 到 2.8GHz 为主，制作工艺以 45nm 为主。

2. Pentium 系列处理器

Pentium 是英特尔的第五代 x86 架构之微处理器，于 1993 年 3 月 22 日开始出货，是 486 产品线的后代。Pentium 本应命名为 80586 或 i586，后来命名为 Pentium（通常认为 pentium 是希腊文“五（penta）”加拉丁文中代表名词的接尾语 ium 的造词），是因为阿拉伯数字无法被用作注册商标。i586 被使用在英特尔竞争对手所制造的类 80586 的微处理器。

Pentium D 和 Pentium Extreme Edition 是 Intel 公司早期双核处理器，采用 90nm 工艺制造，采用 LGA775 接口。目前市场 Pentium 系列处理器以双核系列处理器为主，插槽类型以 LGA1155、LGA775 为主，主频从 2.5GHz 到 3.0GHz 为主，制作工艺以 45nm 为主。如图 2-3 所示为奔腾双核 E5300 外观。

图 2-3　Intel 奔腾双核 E5300 外观

3. Core 2 系列处理器

Core 2（酷睿 2）是英特尔于 2006 年 7 月 27 日推出的新一代 x86 架构处理器，它采用全新的 Intel Core 架构，取代由 2000 年起各英特尔处理器采用的 Netburst 架构。Core 2 也同时标志着奔腾（Pentium，由 1993 年沿用至今）品牌的终结，也代表着英特尔移动处理器及桌面处理器两个品牌的重新整合。和其他基于 Netburst 的处理器不同，Core 2 不会仅注重处理器时钟频率的提升，它同时就其他处理器的特色，例如高速缓存数量、核心数量等进行优化。英特尔声称它的功耗会比以往的奔腾处理器低很多。Core2 有 7、8、9 三个系列，具体分为 Solo（单核，只限笔记本电脑）、Duo（双核）、Quad（四核）及 Extreme（至尊）（见图 2-4）四种型号。

最初 Core 2 采用 65nm 制造工艺，核心时钟频率从 1.8GHz 到 3.0GHz，采用 LGA775 接口，支持 1066MHz 到 1333MHz 前端总线，二级缓存为 2M 或 4M，支持硬件防病毒技术、节能省电技术和 EM64T 等。2008 年 1 月 20 日起，Core 2 采用 45nm 制造工艺，核心时钟频率从 2.6GHz 到 3.33GHz，采用 LGA775 接口，支持 1333MHz 前端总线，二级缓存为 6M。如表 2-1 所示为 Core 2 主流 CPU 对比。

表 2-1　Core 2 主流 CPU 对比

型号	制作工艺	核心频率	接口	前端总线	二级缓存
Core 2 Duo	45nm	2.6～3.5GHz	LGA775	1066MHz	6M
Core 2 Quad	45nm	2.5～3.16GHz	LGA775	1333MHz	8M
Core 2 Extreme	45nm	2.6～3.2GHz	LGA775	1333MHz	12M

图 2-4 Intel 酷睿 2 四核 Q8400 外观

4. Core i 系列处理器

2009 年 6 月，Intel 公司公布了新的 CPU 命名规则，为简化命名方式，将处理器重新命名为 Core i 3、Core i 5、Core i 7，分别代表低端产品、中端产品和高端产品。目前 Core i 系列 CPU 已经发展到第四代，各方面基础发生了很大变化。如表 2-2 所示为 Core i 主流 CPU 对比。

表 2-2 Core i 主流 CPU 对比

型号	制作工艺	核心频率	接口	前端总线	三级缓存
Core i 3	22nm	3.3GHz	LGA1155	1333MHz	4M
Core i 5	22nm	3.4GHz	LGA1155	1333MHz	6M
Core i 7	22nm	3.5GHz	LGA1155	1333MHz	8M

Core i3 可看作是 Core i5 的进一步精简版，最早采用 32nm 工艺版本。Core i3 最大的特点是整合 GPU（图形处理器），也就是说 Core i3 将由 CPU+GPU 两个核心封装而成。由于整合的 GPU 性能有限，用户想获得更好的 3D 性能，可以外加显卡。值得注意的是，即使核心工艺是 Clarkdale，显示核心部分的制作工艺仍会是 45nm。整合 CPU 与 GPU，这样的计划无论是 Intel 还是 AMD 均很早便提出了，他们都认为整合平台是未来的一种趋势。而 Intel 无疑是走在前面的，集成 GPU 的 CPU 已在 2010 年推出，俗称“酷睿 i 系”，仍为酷睿系列。

酷睿 i5 处理器建基于 Intel Nehalem 微架构，与 Core i7 支持三通道存储器不同，Core i5 只会集成双通道 DDR3 存储器控制器。另外，Core i5 会集成一些北桥的功能，将集成 PCI-Express 控制器。接口亦与 Core i7 的 LGA 1366 不同，Core i5 采用全新的 LGA 1156。处理器核心方面，代号 Lynnfiled，采用 45 纳米制程的 Core i5 会有四个核心，不支持超线程技术，总共仅提供 4 个线程。L2 缓冲存储器方面，每一个核心拥有各自独立的 256KB，并且共享一个达 8MB 的 L3 缓冲存储器。

Intel 官方正式确认，基于全新 Nehalem 架构的新一代桌面处理器将沿用 Core（酷睿），命名为 Intel Core i7 系列，至尊版的名称是 Intel Core i7 Extreme 系列。Core i7（中文：酷睿 i7，核心代号：Bloomfield）处理器是英特尔于 2008 年推出的 64 位四核心 CPU，沿用 x86-64 指令集，并以 Intel Nehalem 微架构为基础，取代 Intel Core 2 系列处理器。Nehalem 曾经是一种超高频率 Pentium 4 的代号。Core i7 的名称并没有特别的含义，Intel 表示取 i7 此名的原因只是听起来悦耳，i 的意思是智能（intelligence 的首字母），而 7 则没有特别的意思，更不是指第 7 代产品，如图 2-5 所示。

图 2-5　Intel 酷睿 i7 2600K 外观

2.3　英特尔 CPU 主要技术指标

CPU 主要技术指标是衡量 CPU 性能的主要内容，主要包括主频、前端总线(FSB)频率、缓存、指令集、制作工艺、核心数量、插槽类型、其他技术等。

1. 主频

CPU 的主频是 CPU 内核工作的时钟频率（CPU Clock Speed)。通常所说的某某 CPU 是多少兆赫的，而这个“多少兆赫”就是 CPU 的主频，当前市场上的 CPU 主频已提高了一个级别，普遍以吉赫（GHz）作单位，1GHz=1000Mhz。CPU 的主频表示在 CPU 内数字脉冲信号震荡的速度，与 CPU 实际的运算能力并没有直接关系。由于主频并不直接代表运算速度，所以在一定情况下，很可能会出现主频较高的 CPU 实际运算速度相对较低的现象。

说到处理器主频，就要提到与之密切相关的两个概念：倍频与外频，外频是 CPU 的基准频率，单位也是 MHz。外频是 CPU 与主板之间同步运行的速度，而且目前的绝大部分电脑系统中外频也是内存与主板之间的同步运行的速度，在这种方式下，可以理解为 CPU 的外频直接与内存相连通，实现两者间的同步运行状态；倍频即主频与外频之比的倍数。主频、外频、倍频，其关系式：主频=外频×倍频。

2. 前端总线频率（Front Side Bus Frequency）

前端总线（FSB）是指 CPU 与北桥芯片之间的数据传输总线。“前端总线”这个名称是由 AMD 在推出 K7 CPU 时提出的概念，但是一直以来都被大家误认为这个名词不过是外频的另一个名称。我们所说的外频指的是 CPU 与主板连接的速度，这个概念是建立在数字脉冲信号震荡速度基础之上的，而前端总线的速度指的是数据传输的速度，由于数据传输最大带宽取决于所有同时传输的数据的宽度和传输频率，即数据带宽=（总线频率×数据位宽）÷8。目前 PC 机上所能达到的前端总线频率有 266MHz、333MHz、400MHz、533MHz、800MHz、1066MHz、1333MHz 几种，前端总线频率越大，代表着 CPU 与内存之间的数据传输量越大，更能充分发挥出 CPU 的功能。

3. 缓存

在计算机存储系统的层次结构中，介于中央处理器和主存储器之间的高速小容量存储器。它和主存储器一起构成一级的存储器。高速缓冲存储器和主存储器之间信息的调度和传送是由硬件自动进行的。目前技术发展到二级、三级缓存，每级缓存比前一级缓存速度慢且容量大。

缓存容量大小直接影响 CPU 与外界的数据通讯能力强弱，因此缓存越大，可以表明 CPU

数据传输能力越强，同时价格也越高。

4. 指令集

所谓指令集，就是 CPU 中用来计算和控制计算机系统的一套指令的集合，而每一种新型的 CPU 在设计时就规定了一系列与其他硬件电路相配合的指令系统。而指令集的先进与否，也关系到 CPU 的性能发挥，它也是 CPU 性能体现的一个重要标志。

目前主要包含以下指令集，MMX、SSE、SSE2、SSE3、SSE4、EM64T、RISC、3DNow!+等。

5. 制作工艺

CPU“制作工艺”指得是在生产 CPU 过程中，要进行加工各种电路和电子元件，制造导线连接各个元器件。通常其生产的精度以纳米（以前用微米）来表示，精度越高，生产工艺越先进。在同样的材料中可以制造更多的电子元件，连接线也越细，提高 CPU 的集成度。

制造工艺的微米是指 IC 内电路与电路之间的距离。制造工艺的趋势是向密集度越高的方向发展，密度越高的IC电路设计，意味着在同样大小面积的IC中，可以拥有密度更高、功能更复杂的电路设计。微电子技术的发展与进步，主要是靠工艺技术的不断改进。芯片制造工艺在 1995 年以后，从 0.5 微米、0.35 微米、0.25 微米、0.18 微米、0.15 微米、0.13 微米、90 纳米、80 纳米、65 纳米、45 纳米、32 纳米，一直发展到目前最新的 22 纳米，而 15 纳米将是下一代 CPU 的发展目标。

6. 核心数量

以往 CPU 发展主要靠提高 CPU 的主频，为了提高主频需要提高 CPU 的供电电压，意味着更多能量的消耗，带来的后果是无法解决散热的问题。因此后来，CPU 朝向多核心发展，通过在 CPU 中增加核心数量，不用靠提供高的电压就能达到提高 CPU 主频和运算能力的要求。目前市场以双核、四核 CPU 为主。

7. 插槽类型

插槽类型与 CPU 封装紧密相关，目前 Intel 公司采用 LGA（PLGA 简称）封装技术，CPU 通过针阵或触点与主板相连接，以 LGA775、1155、2011 为最主流。

8. 其他技术

其他影响 CPU 性能指标的技术还有超线程 HT（Hyper-Threading）技术。通过超线程技术，英特尔成为第一家公司实现在一个实体处理器中，提供两个逻辑线程。超线程的未来发展，是提升处理器的逻辑线程，英特尔有计划将 8 核心的处理器，加以配合超线程技术，使之成为 16 个逻辑线程的产品。

Intel 睿频加速技术也是影响 CPU 性能的一项重要技术。Intel 在最新酷睿 i 系列 CPU 中加入的新技术，以往 CPU 的主频是出厂之前被设定好的，不可以随意改变。而 i 系列中 i5 及 i7 处理器加入睿频加速，使得 CPU 的主频可以在某一范围内根据处理数据需要自动调整。它是基于 Nehalem 架构的电源管理技术，通过分析当前 CPU 的负载情况，智能地完全关闭一些用不上的核心，把能源留给正在使用的核心，并使它们运行在更高的频率，进一步提升性能；相反，需要多个核心时，动态开启相应的核心，智能调整频率。这样，在不影响 CPU 的 TDP 情况下，能把核心工作频率调得更高。比如，某 i5 处理器主频为 2.53GHz，最高可达 2.93GHz，在此范围内可以自动调整其数据处理频率，而此 CPU 的承受能力远远大于 2.93GHz，不必担心 CPU 的承受能力。加入此技术的 CPU 不仅可以满足用户多方面的需要，而且省电，使 CPU 具有一些智能特点。

其他还有内存控制器、热设计功耗（TDP）、三级缓存、虚拟化技术、集成显卡、病毒防护技术等。

2.4　英特尔 CPU 的接口

CPU 封装对于芯片来说是必须的，也是至关重要的。因为芯片必须与外界隔离，以防止空气中的杂质对芯片电路的腐蚀而造成电气性能下降。另一方面，封装后的芯片也更便于安装和运输。由于封装技术的好坏还直接影响到芯片自身性能的发挥和与之连接的 PCB（印制电路板）的设计和制造，因此它是至关重要的。封装也可以说是指安装半导体集成电路芯片用的外壳，它不仅起着安放、固定、密封、保护芯片和增强导热性能的作用，而且还是沟通芯片内部世界与外部电路的桥梁——芯片上的接点用导线连接到封装外壳的引脚上，这些引脚又通过印刷电路板上的导线与其他器件建立连接。因此，对于很多集成电路产品而言，封装技术都是非常关键的一环。

通常都会把 Intel 处理器的插座称为 LGA775，其中的 LGA 代表了处理器的封装方式，775 则代表了触点的数量。在 LGA775 出现之前，Intel 和 AMD 处理器的插座都被叫做 Socket XXX，其中的 Socket 实际上就是插座的意思，而 XXX 则表示针脚的数量。例如 Intel 的 LGA775 插座又叫做 Socket 775 或 Socket T。

我们参考英特尔 CPU 介绍基于 Intel 平台的 CPU 接口。目前 Intel 平台 CPU 以针阵或触点阵列封装 LGA（land grid array）技术为标准，主要包括 LGA775、LGA1366、LGA1156、LGA1155、LGA2011，具体情况请参看表 2-3。

表 2-3　基于 Intel 平台的 CPU 接口

接口类型	触点数量	适用 CPU	特点
LGA775	775	赛扬、奔腾、Core 2	取代了 LGA478
LGA1366	1366	Core i3	面积大、较 775 读取快
LGA1156	1156	Core i3、i5、i7	已被 1155 取代
LGA1155	1155	Core i3、i5、i7	与 1156 不兼容
LGA2011	2011	Core i7	将取代 1366

2.5　CPU 及风扇选购策略

2.5.1　CPU 的选购策略

1. 盒装与散装

盒装 CPU 有包装（如图 2-6 所示），并且说明书、质量保证书等齐全，并且配有标配散热风扇和导热硅脂，价格要高于散片，但也会有良好的售后服务，建议购买盒装 CPU 产品。购买时注意包装的完好，包装内清单是否齐全。

2. 选购策略

有以下几方面：首先，明确购机目的，如果只是办公、家庭娱乐低端产品就能满足使用，本着够用的原则；其次，注重性价比，不要追求新潮新品，刚刚上市的产品往往价格高，性能也不一定稳定，需要经过市场的检验，一般 1～2 年的产品为最佳选择，性价比最高；最后，不要一味追求低价，计算机硬件更新快，一味追求低价购买马上淘汰的产品也会是一种极大的浪费。

图 2-6　盒装 CPU

2.5.2　散热器的选购策略

CPU 的散热器由风扇和散热片组成，散热片快速将 CPU 产生的热量传导出来，通过风扇吹到附近的空气中去。降温效果的好坏直接与 CPU 散热风扇、散热片的品质有关，如图 2-7 所示。

图 2-7　CPU 散热器

散热器的主要性能从以下几个方面体现：风扇转速、扇叶形状、扇叶角度和轴承系统。一般情况下，在散热器的说明书上都标明风扇的转速。一般来说散热器的散热效果有 30%要取决于风扇的转速。但风扇并不是转速越高越好。正确的风扇转速应该根据 CPU 的发热量决定，不同规格的风机转速选择都应该有所区分，基本的原则就是：在产生同等风量的前提下，风机越大转速就应该越低，噪音同样也会较小，一般在3500转至5200转之间的转速是比较合乎常规的。

选购散热器应该从以下两方面来考虑：

（1）根据具体需求。

大尺寸的散热器散热效果好，但不是越大越好，要根据 CPU 的大小，主板提供的卡槽、空间选择适合的风扇。

（2）质量。

质量好的散热器是保证CPU安全、稳定工作的前提，散热器同CPU一样有盒装和散装，尽量选择盒装，选择正规厂家产品。同时通过重量、做工、用料等判断散热器的质量，建议购买高质量的散热器。

练习题

一、选择题

1．当前 IT 市场中，Intel 和（　　）是最知名的两大 CPU 品牌。

A．Nvidia　　B．AMD　　C．MTK　　D．TEXAS

2．以下 CPU 中处于第六发展阶段的是（　　）。

A．Pentium 4　　B．80386　　C．Core 2　　D．AMD K6

3．到目前为止 CPU 的架构体系未涉及的种类是（　　）。

A．至尊版　　B．移动版　　C．服务器版　　D．桌面版

4．以下酷睿 i7 处理器中属于当前英特尔最新一代的是（　　）。

A．i7-980X　　B．i7-3970X　　C．i7-4770K　　D．i7-2600

二、填空题

1．中央处理器是由________、________和________三大部分组成的。

2．英特尔公司的主流 CPU 产品主要包括________、Pentium、________和________四个系列。

3．CPU 的主频是________与________的乘积。

4．前端总线（FSB）是连接________与________的数据传输总线。

5．酷睿 i5 和 i7 系列 CPU 主频可以在某一范围内根据处理数据需要自动调整的技术叫做________。

三、简答题

1．试列举中央处理器的各项性能指标，并解释其各自的含义。

2．某 Intel Celeron 处理器标称的主频为 2.66GHz，搭载该 CPU 的计算机所带的 BIOS 显示当前倍频为 20，那么该 CPU 的外频是多少兆赫？

3．简述选购 CPU 时应注意选购目标和产品质量上的哪些问题。

第3章　主板

主板，又叫主机板（mainboard）、系统板（systemboard）或母板（motherboard）；它安装在机箱内，是微机最基本的也是最重要的部件之一。如图 3-1 所示为华硕 P8B75-V 正面图。

图 3-1　华硕 P8B75-V 正面图

3.1　主板的作用及分类

3.1.1　主板的作用

主板一般为矩形电路板，上面安装了组成计算机的主要电路系统，一般有 BIOS 芯片、I/O 控制芯片、键盘和面板控制开关接口、指示灯插接件、扩充插槽、主板及插卡的直流电源供电接插件等元件。

主板的最重要特点是采用了开放式结构。主板上大都有 6～8 个总线扩展插槽，供 PC 机外围设备的控制卡（适配器）插接。通过更换这些插卡，可以对微机的相应子系统进行局部升级，使厂家和用户在配置机型方面有更大的灵活性。总之，主板在整个微机系统中扮演着举足轻重的角色。可以说，主板的类型和档次决定着整个微机系统的类型和档次，主板的性能影响着整个微机系统的性能。

3.1.2 主板的分类

1. 按CPU架构分类

CPU架构是CPU厂商给属于同一系列的CPU产品定的一个规范，主要目的是区分不同类型CPU的重要标示。目前市面上的CPU主要分有两大阵营，一个是intel系列CPU，另一个是AMD系列CPU。两个不同品牌的CPU，其产品的架构也不相同，现intel系列CPU产品常见的架构有Socket 423、Socket 478、LGA 775、LGA 1366、LGA 1156、LGA 1155和LGA 2011；而AMD CPU产品常见的架构有Socket A、Socket 754、Socket 939、Socket 940、SocketAM2、AM2+、AM3、AM3+这几种，分别如图3-2和图3-3所示。

图3-2 LGA 1155（微星ZH77A-G43）

图3-3 Socket AM3+（技嘉GA-880GM-D2H）

2. 按主板结构分类

所谓主板结构就是根据主板上各元器件的布局排列方式、尺寸大小、形状、所使用的电源规格等制定出的通用标准，所有主板厂商都必须遵循。

目前主板结构可将主板分为AT、ATX、Micro ATX以及BTX等结构。其中，AT是多年前的老主板结构，现在已经淘汰；ATX是目前市场上最常见的主板结构，总线扩展插槽较多，插槽数量在4～6个，大多数主板都采用此结构；Micro ATX又称Mini ATX，是ATX结构的简化版，就是常说的“小板”，总线扩展插槽较少，插槽数量在3个或3个以下，多用于品牌机并配备小型机箱；而BTX则是英特尔制定的最新一代主板结构。

3. 按逻辑芯片组分类

芯片组（Chipset）是构成主板电路的核心，是主板的灵魂。主板芯片组几乎决定着主板的全部功能，其中CPU的类型、主板的系统总线频率，内存类型、容量和性能，显卡插槽规格是由芯片组中的北桥芯片决定的；而扩展槽的种类与数量、扩展接口的类型和数量（如USB2.0/1.1、IEEE1394、串口、并口、笔记本的VGA输出接口）等，是由芯片组的南桥芯片决定的。生产芯片组的厂家主要有Intel、AMD、NVIDIA、VIA、SiS、ULI、Ali等，其中以英特尔和AMD的芯片组最为常见。

日常，我们可以按照芯片组的产商、型号等对主板进行分类，特别是很多主板的命名与芯片组的型号密切相关。

此外，还可以通过主板的集成度板卡、生产主板的厂商等对主板进行分类，在此就不再赘述。

3.2 主板的组成及主要技术

3.2.1 芯片部分

1. 芯片组

主板芯片组主要包括南桥芯片和北桥芯片，如图 3-4 所示。南桥芯片多位于扩展插槽的上面；而 CPU 插槽旁边，被散热片盖住的就是北桥芯片。北桥芯片主要负责处理 CPU、内存、显卡三者间的“交通”，由于发热量较大，所以需要散热片甚至散热风扇散热。南桥芯片则负责硬盘等存储设备和 PCI 之间的数据流通。南桥和北桥合称芯片组。芯片组在很大程度上决定了主板的功能和性能。需要注意的是，AMD 平台中部分芯片组因 AMD CPU 内置内存控制器，可采取单芯片的方式，如 nVIDIA nForce 4 便采用无北桥的设计。

图 3-4 主板芯片组

由于芯片组决定着 CPU 的类型、主板的系统总线频率，内存类型、容量和性能、各外部总线扩展、接口，因此选择主板芯片组成为首要考察的对象，同时不同厂商、不同型号的芯片组分出了低端、中端和高端产品，也对主板性能有着决定性影响，如采用 H67、H77 芯片组的主板，在性能、技术上就有区别。

来自于“中关村在线”的数据，目前市场上主要芯片组有 Intel 公司的 7 系列：B75、H77、Z75、Z77、X79，6 系列：H61、H67、P67、Z68；AMD 公司的 APU：A85、A55、A75、E-APU，9 系列：970、990X、990FX，8 系列：870、880G、890GX、890FX 等。2013 年英特尔公司将应用在超强主板上的芯片组命名为 X99，如图 3-5 所示，目前在高端主板上广泛应用的 X79 有可能会被 X99 替代。

图 3-5 Intel X99 主板芯片

要特别声明的是，由于每一款芯片组产品就对应一款相应的北桥芯片，所以北桥芯片的数量非常多。南桥芯片负责 I/O 总线之间的通信，如 PCI 总线、USB、LAN、ATA、SATA、音频控制器、键盘控制器、实时时钟控制器、高级电源管理等，这些技术一般相对来说比较稳定，所以不同芯片组中可能南桥芯片是一样的，不同的只是北桥芯片。所以现在主板芯片组中北桥芯片的数量要远远多于南桥芯片。南桥芯片的发展方向主要是集成更多的功能，例如网卡、RAID、IEEE1394、甚至 Wi-Fi 无线网络等。

2. BIOS 芯片

BIOS（Basic Input/Output System，基本输入输出系统）全称是 ROM-BIOS，是只读存储器基本输入/输出系统的简写，它实际是一组被固化到电脑中，为电脑提供最低级、最直接的硬件控制的程序，它是连通软件程序和硬件设备之间的枢纽，通俗地说，BIOS 是硬件与软件程序之间的一个“转换器”或者说是接口（虽然它本身也只是一个程序），负责解决硬件的即时要求，并按软件对硬件的操作要求具体执行，如图 3-6 所示。

图 3-6 BIOS 芯片

目前市面上较流行的主板 BIOS 主要有 AWARD BIOS、AMI BIOS、Phoenix BIOS 三种类型。AMI BIOS 是 AMI 公司出品的 BIOS 系统软件，开发于 80 年代中期，早期的 286、386 大多采用 AMI BIOS，它对各种软、硬件的适应性好，能保证系统性能的稳定，到 90 年代后，绿色节能电脑开始普及，AMI 却没能及时推出新版本来适应市场，使得 AMI BIOS 失去了半壁江山；AWARD BIOS 是由 AWARD Software 公司开发的 BIOS 产品，在目前的主板中使用最为广泛。AWARD BIOS 功能较为齐全，支持许多新硬件，目前市面上多数主板都采用了这种 BIOS；Phoenix BIOS 是 Phoenix 公司产品，Phoenix 意为凤凰，有完美之物的含义。Phoenix BIOS 多用于高档的原装品牌机和笔记本电脑上，其画面简洁，便于操作，该公司目前已与 AWARD 合并。

由于 CMOS 与 BIOS 都与电脑系统设置密切相关，所以才有 CMOS 设置和 BIOS 设置的说法。也正因此，初学者常将二者混淆。CMOS RAM 是系统参数存放的地方，而 BIOS 中系统设置程序是完成参数设置的手段。因此，准确的说法应是通过 BIOS 设置程序对 CMOS 参数进行设置。而我们平常所说的 CMOS 设置和 BIOS 设置是其简化说法，也就在一定程度上造成了两个概念的混淆。

3. RAID 控制芯片

即 Redundant Array of Inexpensive Disks 的缩写，中文称为廉价磁盘冗余阵列。RAID 就是一种由多块硬盘构成的冗余阵列。虽然 RAID 包含多块硬盘，但是在操作系统下是作为一个独立的大型存储设备出现。目前主板上集成的 Raid 控制芯片主要有两种：HPT372 RAID（如图 3-7 所示）和 Promise RAID 控制芯片，RAID 技术主要包含 RAID 0～RAID 7 几个规范，它们的侧重点各不相同。

图 3-7 HPT372 RAID 控制芯片

3.2.2 扩展插槽

1. 内存插槽

内存插槽一般位于 CPU 插座下方。内存插槽主要包括 SIMM、DIMM、RIMM 三类，其中 SIMM 已经淘汰，RIMM 由于 RDRAM 内存较高的价格，此类内存在 DIY 市场很少见到，RIMM 接口也就难得一见了。因此，目前市场主流内存插槽为 DIMM，因内存型号不同线数也不同。其中 DDR SDRAM 插槽的线数为 184 线，DDR 2、DDR 3 插槽的线数为 240 线，目前主板以 DDR3 插槽为主，如图 3-8 所示。

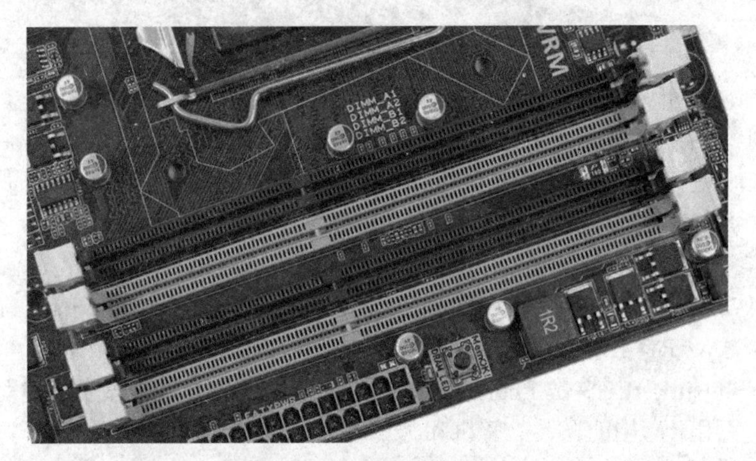

图 3-8 DDR3 内存插槽

2. AGP 插槽

颜色多为深棕色，位于北桥芯片和 PCI 插槽之间。AGP 插槽有 1×、2×、4×和 8×之分，如图 3-9 所示。AGP4×的插槽中间没有间隔，AGP2×则有。在 PCI Express 出现之前，AGP 显卡较为流行，AGP8×数据传输带宽有 2.1GB/s，目前已经很少见了。

图 3-9 AGP 插槽

3．PCI Express 插槽

随着 3D 性能要求的不断提高，AGP 已越来越不能满足视频处理带宽的要求，目前主流主板上显卡接口多转向 PCI Express。PCI Express 插槽有 1 X、2 X、4X、8X 和 16X 之分，以 PCI Express 16 X 为主，数据传输带宽高达 8GB/s，高出 AGP 8X 很多倍。如图 3-10 所示。

图 3-10　PCI Express16X 插槽和 1X 插槽（最短）、PCI 插槽（中等长度）

4．PCI 插槽

PCI 插槽多为乳白色，如图 3-11 所示，是主板的必备插槽，可以插上 Modem、声卡、网卡、多功能卡等设备，普通 PCI 总线带宽一般为 132MB/s（在 32bit/33Mhz 下）或者 264MB/s（在 32bit/66Mhz 下）。由于速度慢，所以原来占有统治地位的总线扩展槽目前数量上已经较少了。

图 3-11　PCI 插槽

5．硬盘接口

硬盘接口可分为 IDE 接口和 SATA 接口。在型号老些的主板上，多集成 2 个 IDE 口，通常 IDE 接口都位于 PCI 插槽下方，从空间上则垂直于内存插槽（也有横着的）。

IDE 发展到迈拓提出的 ATA 133 标准，达到了 133MB/sec 的最大数据传输率，而 SATA3.0 接口数据传输率达到了 6Gb/s。因此新型主板上，IDE 接口大多缩减，甚至没有，代之以 SATA 接口。如图 3-12 所示为 SATA 接口。

6．软驱接口

连接软驱所用，多位于 IDE 接口旁，比 IDE 接口略短一些，因为它是 34 针的，所以数据线也略窄一些。受到速度、技术发展限制，目前软驱接口基本淘汰。

图 3-12　SATA 接口

3.2.3　I/O 接口部分

如图 3-13 所示为某主板的各外部接口。

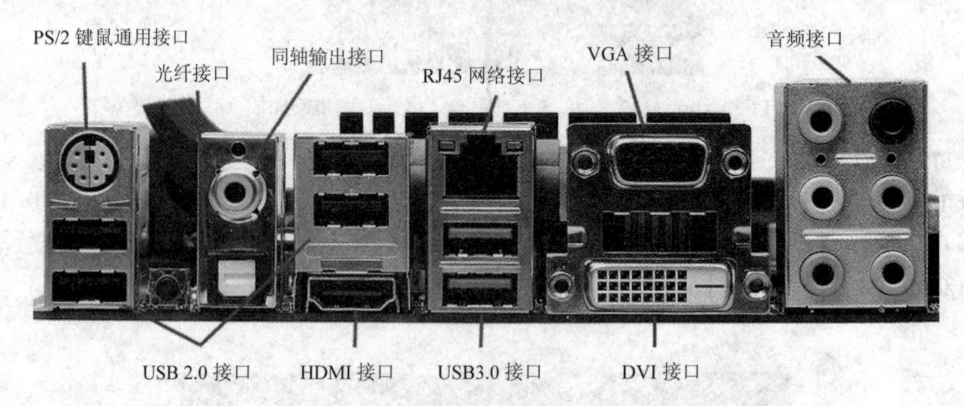

图 3-13　主板（微星 Z77A-GD65 Gaming）各外部接口

1. COM 接口（串口）

COM 口即串行通讯端口。微机上的 COM 口通常是 9 针，也有 25 针的接口，最大速率 115200bps。通常用于连接鼠标（串口）及通讯设备（如连接外置式 Modem 进行数据通讯或一些工厂的 CNC 机接口）等。一般主板外部只有一个 COM 口，机箱后面和并口一起的那个九孔输出端（梯形），就是 COM1 口，COM2 口一般要从主板上插针引出。并口是最长的那个梯形口，如图 3-14 所示。

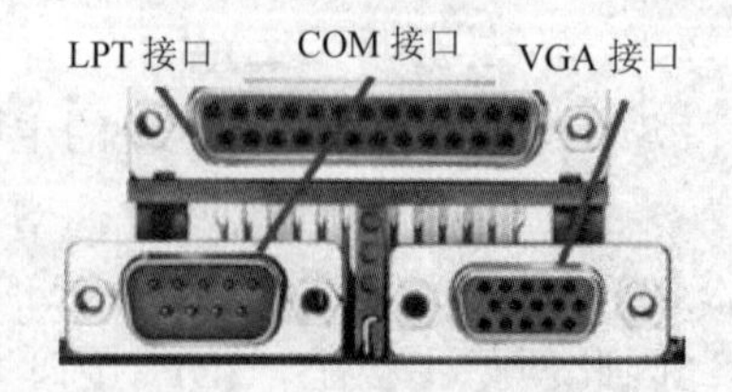

图 3-14　LPT、VGA 及 COM 接口

但目前主流的主板一般都只带 1 个串口，甚至不带，慢慢会被 USB 取代。

2. PS/2 接口

PS/2 是在较早电脑上常见的接口之一，用于鼠标、键盘等设备。一般情况下，PS/2 接口的鼠标为绿色，键盘为紫色。PS/2 原是 Personal System 2 的意思，“个人系统 2”，是 IBM 公司在上个世纪 80 年代推出的一种个人电脑。以前完全开放的 PC 标准让 IBM 觉得利益受了损失。所以 IBM 设计了 PS/2 这种电脑，目的是重新定义 PC 标准，不再采用开放标准的方式。在这种电脑上 IBM 使用了新型 MCA 总线，新的 OS/2 操作系统。PS/2 电脑上使用的键盘鼠标接口就是现在的 PS/2 接口。因为标准不开放，PS/2 电脑在市场中失败了。只有 PS/2 接口一直沿用到今天。

PS/2 接口是输入装置接口，而不是传输接口。所以 PS/2 口根本没有传输速率的概念，只有扫描速率。在 Windows 环境下，PS/2 鼠标的采样率默认为 60 次/秒，USB 鼠标的采样率为 120 次/秒。较高的采样率理论上可以提高鼠标的移动精度。

PS/2 接口设备不支持热插拔，强行带电插拔有可能烧毁主板。PS/2 可以与 USB 接口互转，即 PS/2 接口设备可以转成 USB，USB 接口设备也可以转成 PS/2。目前更为先进的主板出现了 PS/2 键鼠通用接口。

3. 显示接口

目前连接显示器的接口主要有 VGA、DVI、HDMI 和 Display Port。

VGA（Video Graphics Array）是 IBM 在 1987 年随 PS/2 机一起推出的一种视频传输标准，具有分辨率高、显示速率快、颜色丰富等优点，即使在目前彩色显示器领域仍然有着广泛的应用。

DVI（Digital Visual Interface），即数字视频接口。它是 1999 年由 Silicon Image、Intel（英特尔）、Compaq（康柏）、IBM、HP（惠普）、NEC、Fujitsu（富士通）等公司共同组成 DDWG（Digital Display Working Group，数字显示工作组）推出的接口标准。相比 VGA 具有速度快、画面清晰，并且支持 HDCP 协议，为高清视频接口、家用液晶电视广泛采用。

高清晰度多媒体接口（High Definition Multimedia Interface，HDMI）是一种数字化视频/音频接口技术，是适合影像传输的专用型数字化接口，其可同时传送音频和影音信号，最高数据传输速度为 5Gbps。同时无需在信号传送前进行数/模或者模/数转换。HDMI 可搭配宽带数字内容保护（HDCP），以防止具有著作权的影音内容遭到未经授权的复制。与 DVI 相比，HDMI 可以同时传送音频和影音信号，支持即插即用，同时接口的体积更小，DVI 的线缆长度不能超过 8 米，否则将影响画面质量，而 HDMI 最远可传输 15 米。只要一条 HDMI 缆线，就可以取代最多 13 条模拟传输线，能有效解决家庭娱乐系统背后连线杂乱纠结的问题。

Display Port 是一种功能更强、带宽更大的新型接口 Display Port，如图 3-15 所示。和 HDMI 一样，Display Port 也允许音频与视频信号共用一条线缆传输，支持多种高质量数字音频。但比 HDMI 更先进的是，Display Port 在一条线缆上还可实现更多的功能。可见，Display Port 可以实现对周边设备最大程度的整合、控制。更为突出优势是该接口的高带宽，Display Port 问世之初，它可提供的带宽就高达 10.8Gb/s。要知道，HDMI 1.2a 的带宽仅为 4.95Gb/s，即便最新发布的 HDMI 1.3 所提供的带宽（10.2Gb/s）也稍逊于 Display Port 1.0。Display Port 可支持 WQXGA+（2560×1600）、QXGA（2048×1536）等分辨率及 30/36bit（每原色 10/12bit）的色深，充足的带宽保证了今后大尺寸显示设备对更高分辨率的需求。

图 3-15 Display Port 接口

4. USB接口

USB 接口是现在最为流行的接口，最大可以支持 127 个外设，并且可以独立供电，其应用非常广泛。USB 接口可以从主板上获得 500mA 的电流，支持热拔插，真正做到了即插即用。一个USB接口可同时支持高速和低速USB外设的访问，由一条四芯电缆连接，其中两条是正负电源，另外两条是数据传输线。高速外设的传输速率为12Mbps，低速外设的传输速率为1.5Mbps。此外，USB2.0标准最高传输速率可达480Mbps，而USB3.0标准最高传输速率可达 5Gbps（640MB/s）。

5. 音频接口

主要有常见的多声道模拟接口、数字接口（同轴接口、光纤接口）。其中同轴数字接口和光线接口都属于S/PDIF 接口的范畴。S/PDIF（Sony/Philips Digital Interface，索尼和飞利浦数字接口）是由 SONY 公司与 PHILIPS 公司联合制定的一种数字音频输出接口。该接口广泛应用在CD播放机、声卡及家用电器等设备上，能改善CD的音质，给我们更纯正的听觉效果。该接口传输的是数字信号，所以不会像模拟信号那样受到干扰而降低音频质量。

采用S/PDIF接口输出，特点是带宽高，信号衰减小，常常用于连接DVD播放器和AV功放，支持PCM数字音频信号、Dolby以及DTS音频信号，使我们能够欣赏到高品质音乐，基本上是音乐专业制作或者音乐发烧友的专利。

6. 网络接口

常见的网络接口有 RJ-45 接口、SC 光纤接口和 FDDI 接口等，其中又以 RJ-45 接口最常见，它是我们常见的双绞线以太网端口。因为在快速以太网中也主要采用双绞线作为传输介质，所以根据端口的通信速率不同 RJ-45 端口又可分为 10Base-T 网 RJ-45 端口和 100Base-TX 网 RJ-45 端口两类，近年来又出现了千兆以太网，依然采用 RJ-45 接口。

7. LPT接口（并口）

一般用来连接打印机或扫描仪。其默认的中断号是 IRQ7，采用 25 脚的 DB-25 接头。并口的工作模式主要有三种：①SPP 标准工作模式。SPP 数据是半双工单向传输，传输速率较慢，仅为 15Kbps，但应用较为广泛，一般设为默认的工作模式。②EPP 增强型工作模式。EPP 采用双向半双工数据传输，其传输速率比 SPP 高很多，可达 2Mbps，目前已有不少外设使用此工作模式。③ECP 扩充型工作模式。ECP 采用双向全双工数据传输，传输速率比 EPP 还要高一些，但支持的设备不多。

3.2.4 其他接口

1. 电源插口

主板上电源插口主要有CPU供电、主板供电插槽以及风扇电源插槽。如图3-16和图3-17所示。在主板上主板供电插槽是一个长方形的插槽，这个插槽就是电源为主板提供供电的插槽。目前主板供电的接口主要有 24 针与 20 针两种，在中高端的主板上，一般都采用 24PIN 的主板供电接口设计，低端的产品一般为 20PIN。主板供电插槽采用了防呆式的设计，只有按正确的方法才能够插入。通过仔细观察也会发现在主板供电的接口上的一面有一个凸起的槽，而在电源的供电接口上的一面也采用了卡扣式的设计，这样设计的好处一方面是为防止用户反插，另一方面也可以使两个接口更加牢固的安装在一起。

CPU 供电插槽的出现是由于 CPU 的功耗不断的升高，单靠 CPU 插座的供电已经不能够满足 CPU 的用电需求了，一般有四针或八针组成，位置在 CPU 插座旁边。

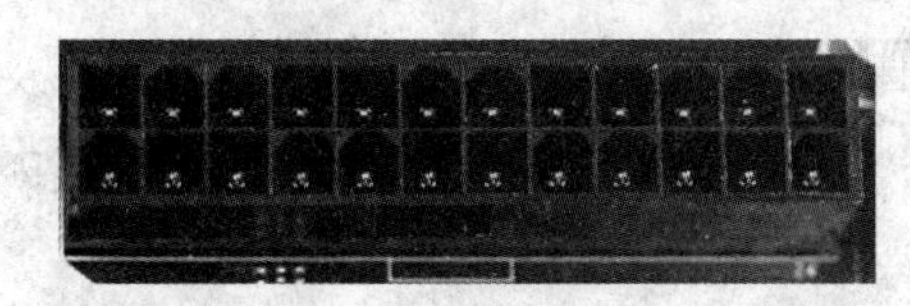

图 3-16 主板供电插槽

图 3-17 CPU 供电插槽

风扇电源插槽由 3 针组成，主要为 CPU 风扇、机箱风扇以及显卡风扇供电，保证计算机系统的正常运行。

2. 主板面板插针接口

主板面板插针接口由 9 针组成，主要包括开关键 PWR SW、重启键 RESET、电源工作指示灯 PWR LED、硬盘工作指示灯 HDD LED 四部分，早期主板还有前置蜂鸣器，通过蜂鸣器报警音不同，以提示开机时计算机硬件错误状态。如图 3-18 所示为主板面板插针。

图 3-18 主板面板插针

3.3 主板新技术及发展趋势

1. 双通道内存

双通道内存技术其实是一种内存控制和管理技术，它依赖于芯片组的内存控制器发生作用。双通道体系的两个内存控制器是独立工作的，因此能够同时运作，使有效等待时间缩减 50%，从而使内存带宽翻番。双通道内存技术是解决 CPU 总线带宽与内存带宽的矛盾的低价、高性能的方案。它并非新技术，之前早已被应用于服务器和工作站系统中，只是为了解决台式机内存带宽的瓶颈问题才应用到台式机主板上。内存双通道一般要求按主板上内存插槽的颜色成对使用。

随着 Intel Core i7 平台发布，三通道内存技术孕育而生。2011 年 11 月发布的 Core i7 系列处理器采用 Sandy Bridge-E 平台设计，首次引入了四通道内存技术，不少四通道内存套装也应运而生。

2. 多显卡技术

多显卡技术简单的说就是让两块或者多块显卡协同工作，以提高系统图形处理能力，又被称为主板交火技术。要实现多显卡技术一般来说需要主板芯片组、显示芯片以及驱动程序三者的支持。多显卡技术的出现，是为了解决日益增长的图形处理需求和现有显示芯片图形处理能力不足的矛盾。目前，多显卡技术主要是两大显示芯片厂商 NVIDIA 的 SLI 技术和 AMD 的 CrossFire 技术。二者均是在一块支持双 PCI-E ×16 插槽的主板上，同时使用两块显卡，以增强系统图形处理能力。理论上能把图形处理能力提高一倍。

3. USB 3.0

USB 3.0 是最新的 USB 规范，它主要适用于高画质的摄像头、高分辨率扫描仪以及大容量的便携存储器之类的高性能外部设备。USB 3.0 应运而生，最大传输带宽高达 5.0Gbps，也就是 640MB/s。

4. eSATA 接口

eSATA 的全称是 External Serial ATA（外部串行 ATA），它是 SATA 接口的外部扩展规范。换言之，eSATA 就是“外置”版的 SATA，它是用来连接外部而非内部 SATA 设备。原有的 SATA 是采用 L 形插头区别接口方向，而 eSATA 则是接口是平的，通过插头上下端不同的厚度及凹槽来防止误插。

5. PS/2 键鼠通用接口

有些主板为了节省接口，会用 PS/2 键鼠通用接口，这个接口的颜色是一半绿一半紫，既可以插键盘，也可以插鼠标，但是一次只能接入一个设备，这意味着键盘和鼠标有一个可以使用 PS/2 键鼠通用接口，另一个则需要使用 USB 接口。

6. 光纤接口

光纤接口是一种数字音频输出接口，以光导纤维来作为传输媒介，主要用来连接带光纤接口的音频功率放大器/数字音频解码器，可输出数字信号，进行外部解码，得到更好的声音质量。不过就现在网络上流行的 MP3 等有损音频格式来说，这个插口对音乐发烧友以外的人没有任何意义。

7. 整合技术

整合北桥：Intel 与 AMD 的新一代处理器，已经将传统北桥的大部分功能都整合在了 CPU 内部。

整合显卡：整合显卡是指，处理器将 CPU 和 GPU 无缝融合在了一起。Intel 的 Sandy Bridge 核心处理器，加入了新一代核心显卡。AMD 也正式发布了 Fusion APU 处理器，将 CPU 和 GPU 融合在了一起。

整合南桥：在未来的 APU 处理器当中，AMD 打算除了北桥外，将南桥也完全整合进去，如此一来，与之搭配的主板上将不会再有芯片组，只是一块堆满接口和插槽的扩展输出板子而已。主板无芯片的时代将要到来。

3.4 主板的选购策略

主板作为整个微型机硬件系统的运行平台，对微型计算机的性能来说，影响是很重大的。曾经有人将主板比喻成建筑物的地基，其质量决定了建筑物坚固耐用与否；也有人形象地将主板比作高架桥，其好坏关系着交通的畅通力与流速。因此，选择一款工作稳定、兼容性好，并且功能完善、扩充力强的主板就显得非常重要。

来自“中关村在线”的数据，目前市场上有近 30 个品牌，价格差别也非常大，质量也是参差不齐。综合本章节内容，在选购主板时应该从以下几方面考虑。

（1）稳定性与速度。

通过查看专业网站的测评信息，特别是专业网站论坛上用户的评价来考察预选产品的稳定性与速度。也可以通过大型游戏软件或者专业主板测试软件测试主板的性能。一般不要选择刚刚上市的产品，最佳选择是上市 1 年左右的产品，厂家会修正一些影响主板性能的不良因素，技术也就越发成熟。

（2）兼容性。

主板的兼容性关系到微型计算机的稳定运行，直接影响计算机的性能。常表现在主板与内存不兼容、与键盘不兼容、与硬盘不兼容等硬件之间相互不兼容而引起计算机不能正常工作的问题，遇到此类情况要及时联系经销商，及时进行调换。

（3）扩展性。

计算机硬件技术达到了两年一个更新周期的水平，因此所选购的主板要考虑到购买一段时间后的设备更新获赠添新设备，因此尽量选择“大板”而舍弃“小板（micro ATX）”，保证主板具有丰富的插槽；其次，保证主板各总线扩展槽、I/O接口足够先进，保证与一定时期的产品兼容。

（4）服务支持。

选购主板时要充分考虑厂家的售后服务，要认真询问验证保修政策，包括是否具有便于下载最新BIOS程序的官方网站。

（5）品牌工艺水平。

正规大厂生产技术、工艺水平都能够得到用户的信赖，会以质占领市场，因此价格上也相对较高。小厂商生产技术落后，一般会采用劣质的元件来降低成本，价格也相对较低。因此，选购主板我们要注意品牌的选择，同时还要确保购买的主板是全新没有打开包装的产品，查看做工是否具有瑕疵，产品的相关配件及保修证明是否齐备等方面。

练习题

一、选择题

1．（　）主要负责处理CPU、内存、显卡三者间的“交通”，由于发热量较大，所以需要散热片甚至散热风扇散热。

A．芯片组　　B．南桥芯片
C．北桥芯片　　D．BIOS芯片

2．USB接口是现在最为流行的接口，最大可以支持（　）个外设，并且可以独立供电，其应用非常广泛。

A．127　　B．126
C．68　　D．100

3．要实现多显卡技术一般来说需要主板芯片组、显示芯片以及（　）三者的支持。

A．系统程序　　B．应用程序
C．显卡　　D．驱动程序

4．（　）作为整个微型机硬件系统的运行平台，对微型计算机的性能来说，影响是很重大的。

A．主板　　B．CPU
C．内存条　　D．显示器

二、填空题

1．DDR SDRAM 插槽的线数为________线，DDR 2、DDR 3 插槽的线数为________线，目前主板以 DDR3 插槽为主。

2．________是构成主板电路的核心，是主板的灵魂。

3．主板芯片组主要包括________和北桥芯片。

4．USB 3.0 应运而生，最大传输带宽高达________Gbps，也就是________MB/s。

三、简答题

1．简述主板包含的主要 I/O 接口。

2．简述选购主板时应该注意的因素。

第4章　内存

内存（简称内存条），如图4-1所示，是计算机硬件的必要组成部分之一，它是与CPU进行沟通的桥梁。计算机中所有程序的运行都是在内存中进行的，因此内存的性能对计算机的影响非常大。根据冯•诺依曼原理，CPU、主板与内存就构成了一个计算机系统，称为最小化系统。

图4-1　内存条外观

4.1　内存作用及类型

4.1.1　内存的作用

内存（Memory）也被称为内存储器，其作用是用于暂时存放CPU中的运算数据，以及与硬盘等外部存储器之间交换的数据。只要计算机在运行中，CPU就会把需要运算的数据调到内存中进行运算，当运算完成后CPU再将结果传送出来，内存的运行也决定了计算机的稳定运行。

内存是电脑中的主要部件，它是相对于外存而言的。我们平常使用的程序，如Windows XP系统、打字软件、游戏软件等，一般都是安装在硬盘等外存上的，但仅此是不能使用其功能的，必须把它们调入内存中运行，才能真正使用其功能，我们平时输入一段文字，或玩一个游戏，其实都是在内存中进行的。通常我们把要永久保存的、大量的数据存储在外存上，而把一些临时的、或少量的数据和程序存放在内存上。

4.1.2　内存的类型

内存一般采用半导体存储单元，包括随机存储器（Random Access Memory，RAM），只读存储器（Random Only Memory，ROM），以及高速缓存（Cache）。只不过因为RAM是其中最重要的存储器，整个计算机系统的内存容量主要由它来决定，所以习惯上人们将RAM直接称之为内存，而后两种称谓不变。

1．只读存储器ROM

ROM表示只读存储器（Read Only Memory），在制造ROM的时候，信息（数据或程序）就被存入芯片中并永久保存。这些信息只能读出，一般不能写入，即使机器停电，这些数据也不会丢失。ROM一般用于存放计算机的基本程序和数据，如BIOS ROM。其物理外形一般是双列直插式（DIP）的集成块。

目前 ROM 存储器被广泛使用，根据各自特点可以分为以下几个类型。

（1）ROM。

只读存储器（Read Only Memory）是一种只能读取资料的存储器。在制造过程中，将资料以一种特制光罩（mask）烧录于线路中，其资料内容在写入后就不能更改，所以有时又被称为“光罩式只读内存”（mask ROM）。

（2）PROM。

可编程程序只读内存（Programmable ROM，PROM）的内部有行列式的镕丝，是需要利用电流将其烧断，写入所需的资料，但仅能写录一次。PROM 在出厂时，存储的内容全为 1，用户可以根据需要将其中的某些单元写入数据 0（部分的 PROM 在出厂时数据全为 0，则用 户可以将其中的部分单元写入 1），以实现对其“编程”的目的。

（3）EPROM。

可抹除可编程只读内存（Erasable Programmable Read Only Memory，EPROM）可利用高电压将资料编程写入，抹除时将线路曝光于紫外线下，资料随即被清空，并且可重复使用。通常在封装外壳上会预留一个石英透明窗以方便曝光。

（4）EEPROM。

电子式可抹除可编程只读内存（Electrically Erasable Programmable Read Only Memory，EEPROM）的运作原理类似 EPROM，但是抹除的方式是使用高电场来完成，因此不需要透明窗。

（5）快闪存储器 Flash memory。

快闪存储器（Flash memory）的每一个记忆胞都具有一个“控制闸”与“浮动闸”，利用高电场改变浮动闸的临限电压即可进行编程动作。

2. 随机存储器 RAM

RAM（Random Access Memory）随机存储器，其显著特点是随机存储和易失性。存储单元的内容可按需要随意取出或存入，且存取的速度与存储单元的位置无关。这种存储器在断电时将丢失其存储内容，故主要用于存储短时间使用的程序。按照存储信息的不同，随机存储器又分为静态随机存储器（Static RAM，SRAM）和动态随机存储器（Dynamic RAM，DRAM）。

（1）静态随机存储器（Static RAM，SRAM）。

SRAM 是英文 Static RAM 的缩写，即静态随机存储器。它是一种具有静止存取功能的内存，不需要刷新电路即能保存它内部存储的数据。它由晶体管组成。接通代表 1，断开表示 0，并且状态会保持到接收了一个改变信号为止。这些晶体管不需要刷新，但停机或断电时，它们同 DRAM 一样，会丢掉信息。SRAM 的速度非常快，通常能以 20ns 或更快的速度工作。一个 DRAM 存储单元仅需一个晶体管和一个小电容，而每个 SRAM 单元需要 4～6 个晶体管和其他零件。所以，除了价格较贵外，SRAM 芯片在外形上也较大，与 DRAM 相比要占用更多的空间。由于外形和电器上的差别，SRAM 和 DRAM 是不能互换的。

SRAM 的高速和静态特性使它们通常被用来作为 Cache 存储器。计算机的主板上都有 Cache 插座。

（2）动态随机存储器（Dynamic RAM，DRAM）。

DRAM（Dynamic RAM）就是通常所说的内存，它是针对静态 RAM（SRAM）来说的。SRAM 中存储的数据，只要不断电就不会丢失，也不需要进行刷新。而 DRAM 中存储的数据是需要不断地进行刷新的。因为一个 DRAM 单元由一个晶体管和一个小电容组成。

晶体管通过小电容的电压来保持断开、接通的状态，当小电容通电时，晶体管接通表示 1；当小电容没电时，晶体管断开表示 0。但是充电后的小电容上的电荷很快就会丢失，所以需要不断地进行“刷新”。

在内存的发展过程中，根据技术发展又将 DRAM 内存分为 SDRAM（Synchronous DRAM）、DDR SDRAM（Double Data Rate SDRAM）、DDR2、DDR3 以及最新的 DDR4。

4.2 内存的组成及识别

4.2.1 内存组成

如图 4-2 所示为内存条的组成。

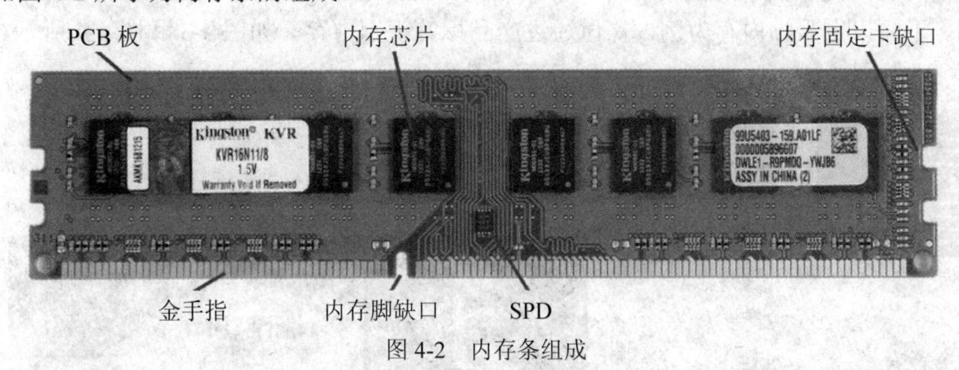

图 4-2　内存条组成

1. PCB 板

内存条的 PCB 板多数都是绿色的。如今的电路板设计都很精密，所以都采用了多层设计，例如 4 层或 6 层等，所以 PCB 板实际上是分层的，其内部也有金属的布线。理论上 6 层 PCB 板比 4 层 PCB 板的电气性能要好，性能也较稳定，所以名牌内存多采用 6 层 PCB 板制造。因为 PCB 板制造严密，所以从肉眼上较难分辩 PCB 板是 4 层或 6 层，只能借助一些印在 PCB 板上的符号或标识来断定。

2. 金手指

黄色的接触点是内存与主板内存插槽接触的部分，数据就是靠它们来传输的，通常被称为金手指。金手指是铜质导线，使用时间长就可能有氧化的现象，会影响内存的正常工作，易发生无法开机的故障，所以可以每隔一年左右用橡皮擦清理一下金手指上的氧化物。

3. 内存芯片

内存的芯片又称内存颗粒，是内存的灵魂所在，内存的性能、速度、容量都是由内存芯片组成的。

4. 内存固定卡缺口

内存插到主板上后，主板上的内存插槽会有两个夹子牢固的扣住内存，这个缺口便是用于固定内存用的。

5. 内存脚缺口

内存的脚上的缺口一是用来防止内存插反的，二是用来区分不同的内存，以前的 SDRAM 内存条是有两个缺口的，而 DDR 则只有一个缺口，不能混插。

6. SPD

SPD是一个八脚的小芯片，它实际上是一个EEPROM可擦写存贮器，这的容量有256字节，可以写入一点信息，这信息中就可以包括内存的标准工作状态、速度、响应时间等，以协调计算机系统更好的工作。从PC100时代开始，PC100标准中就规定符合PC100标准的内存条必须安装SPD，而且主板也可以从SPD中读取到内存的信息，并按SPD的规定来使内存获得最佳的工作环境。

4.2.2 内存的识别方法

在日常选购内存过程中，识别内存非常必要。主要由以下三种方法识别内存。

1. 查看产品标签

正规大厂内存在产品表面会有不干胶的标签，标签上能够给我们提供一些内存的信息。需要特别声明的是不同品牌的内存标签编码不同，意义也不同，需要通过官方提供的识别方法识别。下面以金士顿内存为例，探讨通过产品标签识别内存。如图4-3和图4-4所示。

金士顿8GB DDR3 1600详细参数

基本参数	• 适用类型：台式机 • 内存容量：8GB • 容量描述：单条（8GB） • 内存类型：DDR3 • 内存主频：1600MHz • 针脚数：240pin • 插槽类型：DIMM
技术参数	• CL延迟：11-11-11-35
其他参数	• 工作电压：1.5V

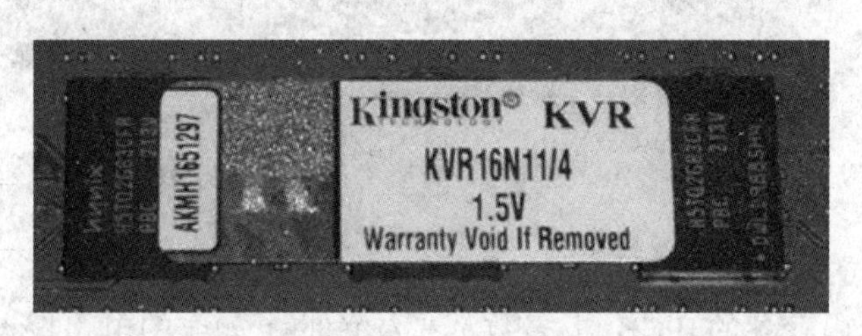

图4-3 内存标签1

识别编码KVR16N11/4含义：KVR即金士顿ValueRAM的缩写，大意为金士顿入门级内存；16代表1600MHz；N代表non-ecc，即无ecc校验功能；11代表时序为CL11；/4为4GB容量的意思。

图4-4 内存标签2

另一款内存编码意思为：KHX（HyperX）一向是金士顿高端内存的代名词；1600是频率，CL延迟为8；D3表示DDR3代；K3表示三通道；6G表示总容量。

2. 内存颗粒编码

内存颗粒编码包含内存芯片类型、芯片数量、容量、速度、工作频率、工作电压乃至封装形式等多种信息，因此能够识别内存颗粒编码才是真正了解了内存。

目前市场上内存芯片生产厂商主要有现代 Hynix（Hyundai）、三星 SAMSUNG、亿恒 Infineon、KINGMAX、美光 Micron 以及华邦 Winbond。不同芯片厂商的内存颗粒编码形式、对应位字符代表含义不同，具体可到芯片厂商官网查询。

关于内存颗粒编码识别，我们以 Hynix（Hyundai）现代内存芯片为例。如内存颗粒编码 HY5DU56822DT-D43，首先将代码进行分割，对应各位及含义见表 4-1。

表 4-1　Hynix（yundai）现代内存颗粒编码含义

序号	位数	含义	对应编码	备注
1	HY	HY 代表着该颗粒是现代制造的产品	HY	
2	XX	内存芯片类型：（57=SDRAM，5D=DDR SDRAM）	5D	
3	X	处理工艺及供电：（V：VDD=3.3V & VDDQ=2.5V；U：VDD=2.5V & VDDQ=2.5V；W：VDD=2.5V & VDDQ=1.8V；S：VDD=1.8V & VDDQ=1.8V）	U	
4	XX	芯片容量密度和刷新速度：（64：64M 4K 刷新；66：64M 2K 刷新；28：128M 4K 刷新；56：256M 8K 刷新；57：256M 4K 刷新；12：512M 8K 刷新；1G：1G 8K 刷新）	56	
5	X/XX	内存条芯片结构：（4＝4 颗芯片；8＝8 颗芯片；16＝16 颗芯片；32＝32 颗芯片）	8	
6	X	内存 bank（储蓄位）：（1＝2 bank；2＝4 bank；3＝8 bank）	2	
7	X	接口类型：（1=SSTL_3；2=SSTL_2；3=SSTL_18）	2	
8	X	内核代号：（空白=第 1 代；A=第 2 代；B=第 3 代；C=第 4 代；D=第 5 代）	D	
9	X	能源消耗：（空白=普通；L=低功耗型）	空白	
10	X	封装类型：（T=TSOP；Q=LOFP；F＝FBGA；FC＝FBGA（UTC:8x13mm））	T	
11	X	封装堆栈：（空白=普通；S=Hynix；K=M&T；J＝其他；M=MCP（Hynix）；MU＝MCP（UTC））	空白	
12	X	封装原料：（空白=普通；P=铅；H＝卤素；R=铅+卤素）	空白	
13	XXX	速度：（D43＝DDR400 3-3-3；D4=DDR400 3-4-4；J＝DDR333；M＝DDR333 2-2-2；K＝DDR266A；H＝DDR266B；L＝DDR200）	D43	
14	X	工作温度：（I=工业常温（-40～85℃）；E=扩展温度（-25～85℃））	空白	

识别结果：该内存芯片为现代制造，类型为 DDR SDRAM，供电电压为 2.5V，内存容量大小为 256M，内存由 8 个颗粒组成，内存为 4bank（储蓄位），接口类型为 SSTL_2，内核代号为第 5 代，封装类型为 TSOP，速度为 DDR400。

3. 通过软件检测

通过鲁大师、Everest 等硬件检测软件，如图 4-5 所示，能够检测出内存的信息，主要包括内存类型、接口类型、速度、容量、制造日期、型号以及序号。

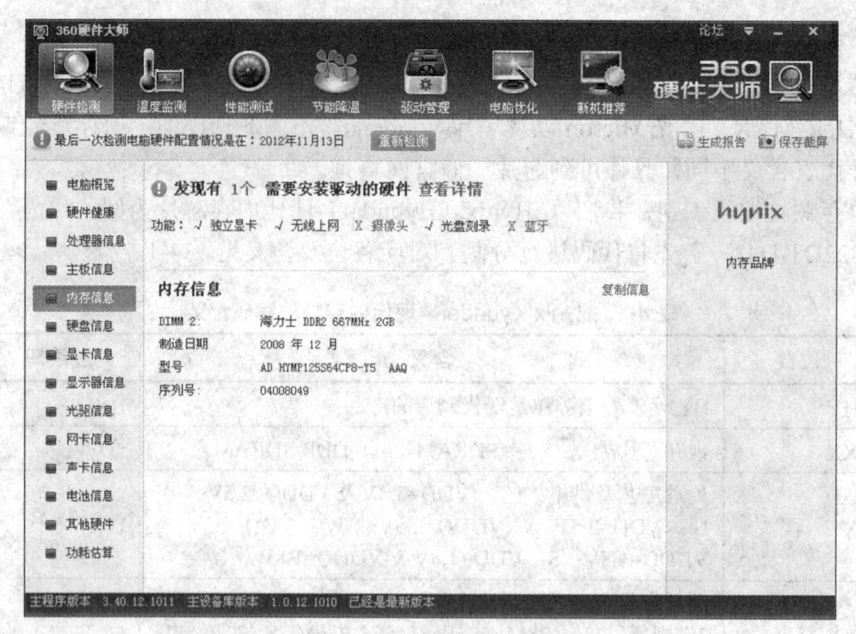

图 4-5 360 硬件大师（鲁大师）检测的内存信息

4.3 内存的主要性能指标

1. 内存存储容量

由于内存存储容量直接影响计算机运行速度，因此是人们最为关注的指标。目前常见的内存存储容量单条为 8GB、4GB、2GB、1GB、512MB、256MB，支持双通道的内存最大容量达到 12GB。

2. 内存类型

目前市场上内存类型分为台式机、笔记本，还可以按照技术发展分为 DDR、DDR2、DDR3 以及还没有普及的 DDR4。主流内存类型为 DDR3。

3. 内存的接口类型

内存的接口类型分为 SIMM（Single In-line Memory Module，单边接触内存模组）和 DIMM（Dual In-line Memory Module，双列直插内存模块）。目前，SIMM 已经被淘汰，DIMM 为主流产品。

在 DIMM 接口类型中，又根据内存类型不一样，针脚数分别有 DDR184 针，DDR2、DDR3 代 240 针，DDR4 代 284 针。

4. 内存的频率

DDR 内存和 DDR2 内存的频率可以用工作频率和等效频率两种方式表示，工作频率是内存颗粒实际的工作频率，但是由于 DDR 内存可以在脉冲的上升沿和下降沿都传输数据，因此传输数据的等效频率是工作频率的两倍；而 DDR2 内存每个时钟能够以四倍于工作频率的速度读/写数据，因此传输数据的等效频率是工作频率的四倍；而 DDR3 内存每个时钟能够以八倍于工作频率的速度读/写数据，因此传输数据的等效频率是工作频率的八倍。高等效频率代表着高性能，因此内存频率作为内存一项非常重要的性能指标。如表 4-2 所示为市场主流 DDR 内存工作频率。

表 4-2　市场主流 DDR 内存工作频率表

内存代别	工作频率（MHz）	等效频率（MHz）	备注
DDR	100	200	
	133	266	
	166	333	
	200	400	
DDR2	100	400	
	133	533	
	166	667	
	200	800	
DDR3	100	800	工作频率大于 1600MHz 的内存是通过多通道技术实现的
	133	1066	
	166	1333	
	200	1600	

5. 内存的通道技术

内存通道技术指的是在北桥（又称之为 MCH）芯片内设计两个或多个内存控制器，这些内存控制器可以相互独立工作，每个控制器控制一个内存通道。在各个内存通道 CPU 可分别寻址、读取数据，从而使内存的带宽增加，数据存取速度也相应增加几倍（理论上）。

多通道技术是一种主板芯片组（Athlon 64 集成于 CPU 中）所采用的新技术，与内存本身无关，任何 DDR 内存都可工作在支持双通道技术的主板上。

6. SPD

从 PC100 标准开始，内存条上就装有一个称为 SPD（Serial Presence Detect，串行存在探测）的小芯片。SPD 一般位于内存条正面右侧，它是 1 个 8 针 SDIC 封装（3mm*4mm）256 字节的 EEPROM 芯片，里面保存着内存条的速度、工作频率、容量、工作电压、CAS、tRCD（在发送列读写命令时必须要与行有效命令有一个间隔，这个间隔被定义为 tRCD，即 RAS to CAS Delay（RAS 至 CAS 延迟））、tRP（Precharge command Period，预充电有效周期）、tAC、SPD 版本等信息。当开机时，支持 SPD 功能的主板 BIOS 就会读取 SPD 中的信息，按照读取的值来设置内存的存取时间。当然，这些情况只是在内存参数设置为 By SPD 的情况下才可以实现。

4.4　主流内存及发展

在目前市场上或者生活中还可以看到的内存主要有 SDRAM、DDR、DDR2 以及 DDR3，SDRAM 已经淘汰，DDR 仅有很少的产品，处于淘汰边缘，DDR2、DDR3 为主流产品，甚至 DDR2 内存产品也不多，并且价格远高于 DDR3 内存。

随着 2012 年 9 月 26 日，JEDEC 完成了 DDR4 SDRAM 内存标准的制定。DDR4 内存技术时代马上就要到来。

1. SDRAM 内存

SDRAM（Synchronous DRAM）的中文名字是“同步动态随机存储器”，它是 PC100 和 PC133 规范所广泛使用的内存类型，其接口为 168 线的 DIMM 类型（这种类型接口内存插板的两边都有数据接口触片），最高速度可达 5ns，工作电压 3.3 V。SDRAM 与系统时钟同步，以相同的速度同步工作，即在一个 CPU 周期内来完成数据的访问和刷新，因此数据可在脉冲周期开始传输。

2. DDR SDRAM 内存

DDR 就是双倍数据传输率（Double Data Rate），DDR SDRAM 就是双倍数据传输率的 SDRAM，DDR 内存是 SDRAM 的升级版本，它是更先进的 SDRAM。SDRAM 只在时钟周期的上升沿传输指令、地址和数据。而 DDR SDRAM 的数据线有特殊的电路，可以让它在时钟的上下沿都传输数据。

DDR SDRAM 与普通 SDRAM 的另一个比较明显的不同点在于电压，普通 SDRAM 的额定电压为 3.3V，而 DDR SDRAM 则为 2.5V。在物理结构上，DDR SDRAM 采用采用 184 针（pin），金手指部分只有一个缺槽。

3. DDR2 SDRAM

DDR2 SDRAM 内存在 DDR SDRAM 内存基础上拥有两倍于 DDR SDRAM 内存预读取能力（即：4bit 数据读预取）。换句话说，DDR2 SDRAM 内存每个时钟能够以 4 倍外部总线的速度读/写数据，并且能够以内部控制总线 4 倍的速度运行，工作频率在 400MHz 以上。

DDR2 SDRAM 内存的工作电压为 1.8V，在物理结构上，DDR2 SDRAM 采用 240 针（pin），金手指部分只有一个缺槽。

4. DDR3 SDRAM

DDR3 SDRAM 提供了相较于 DDR2 SDRAM 更高的运行效能与更低的电压，是 DDR2 SDRAM（四倍资料率同步动态随机存取内存）的后继者（增加至八倍），工作频率在 800MHz 以上，也是现时流行的内存产品。

DDR3 SDRAM 内存的工作电压为 1.5V，在物理结构上，DDR3 SDRAM 采用采用 240 针（pin），金手指部分只有一个缺槽。

5. DDR4 SDRAM

2012 年 9 月 26 日，JEDEC 完成了 DDR4 SDRAM 内存标准的制定。根据以往内存发展的历程来看，DDR4 SDRAM 最重要的使命当然是提高频率和带宽。虽然标准规定最低是 DDR4-1600，但从实用角度讲，起步怎么也得 DDR4-2133，最高则是 DDR4-3200。新内存的每个针脚都可以提供 2Gbps（256MB/s）的带宽，DDR4-3200 那就是 51.2GB/s，比之 DDR3-1866 高出了超过 70%。

4.5 内存的选购策略

1. 容量大小

根据目前操作系统、软件的发展，选购内存至少要考虑 2G 以上内存。

2. 看主流产品

主要考虑后期升级、扩大容量需要，在选购内存时应该考虑 DDR3 类型内存。

3. 看品牌（保质量）

来自“中关村在线”的数据，目前内存市场品牌大约有37种之多，大的品牌，特别是内存商品种类多的品牌是我们应该选择的。

4. 看制作工艺、性价比

应该选择制作工艺先进，制作质量好的产品。从直观上，表面光滑、标签齐全、芯片文字清晰为制作工艺高的产品。在此基础上，比较性价比，选购质优价廉的产品。

5. 比售后

很多公司承诺终身保固，所谓为终身保固指的是对于保修范围内无人为损坏，经确认为真品的，无偿进行更换；还有一些产品“终身保固”的意思是指产品在生命周期内没有人为物理损坏，是由产品本身品质造成损坏的，可以进行终身保修服务。

练习题

一、选择题

1．按工作原理分类，计算机的内存可分为随机存储器RAM和（　　）。

A．DDR　　B．ROM　　C．DRAM　　D．SRAM

2．目前市场上的主流内存是（　　）。

A．DDR　　B．DDR2　　C．DDR3　　D．RDRAM

3．DDR2和DDR3内存均为（　　）线。

A．168　　B．184　　C．240　　D．280

二、填空题

1．内存的组成有PCB板、________、________、内存固定卡缺口、内存脚缺口、SPD。

2．内存的主要性能指标有________、________、内存的接口类型、内存的频率、内存的通道技术、SPD。

3．市场上主流内存有________、________。

三、简答题

1．简述识别编码KVR16N11/4的含义。

2．简述内存的选购策略。

第5章　外部存储器

外部存储器又称辅助存储器，是相对于主存储器（内存）而言的。指除计算机内存及CPU缓存以外的存储器，此类存储器特点是断电后仍然能保存数据，并且容量大。常见的外储存器有硬盘、光驱及光盘、U盘、移动硬盘以及各种闪存卡等。

5.1　硬盘驱动器

5.1.1　硬盘分类

目前微机的硬盘可按照工作原理、盘径尺寸以及接口类型进行分类。

1. 按照工作原理分类

根据工作原理硬盘分为机械硬盘和固态硬盘。

机械硬盘（Hard Disk Drive，HDD）全名为温彻斯特式硬盘，由一个或者多个铝制或者玻璃制的碟片组成。这些碟片外覆盖有铁磁性材料。绝大多数硬盘都是固定硬盘，被永久性地密封固定在硬盘驱动器中。通过磁头驱动器驱动磁头读写盘片上的数据。

固态硬盘（Solid State Disk）用固态电子存储芯片阵列而制成的硬盘，由控制单元和存储单元（FLASH芯片、DRAM芯片）组成。没有传统硬盘的机械装置，具有机械硬盘没有的诸如抗震、静音、高速等优势。

2. 按照盘径尺寸分类

3. 按照接口类型分类

按硬盘与微机之间的数据接口，常用的接口主要有IDE、SATA、SCSI和光纤通道。

（1）IDE接口硬盘。

IDE的英文全称为Integrated Drive Electronics，即“电子集成驱动器”，俗称PATA并口。它的本意是指把“硬盘控制器”与“盘体”集成在一起的硬盘驱动器。

IDE是现在普遍使用的外部接口，主要接硬盘和光驱。采用16位数据并行传送方式，体积小，数据传输快。一个IDE接口只能接两个外部设备。一般用于PC机，最高转速7200转。如图5-1所示。

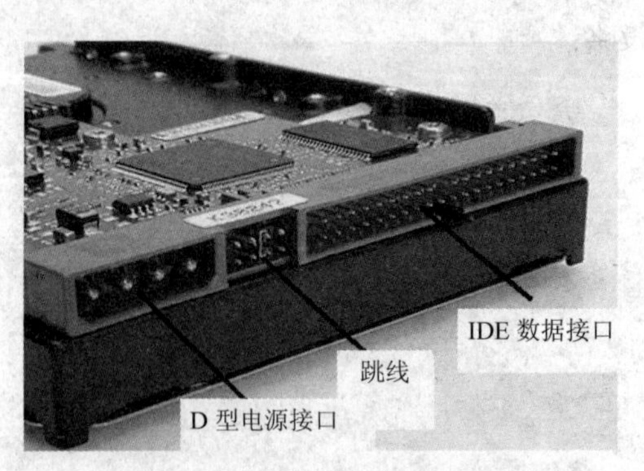

图5-1　IDE硬盘接口

IDE 接口从诞生至今，共推出了 7 个不同的版本，分别是：ATA-1（IDE）、ATA-2（EIDEEnhanced IDE/Fast ATA）、ATA-3（FastATA-2）、ATA-4（ATA33）、ATA-5（ATA66）、ATA-6（ATA100）、ATA-7（ATA 133）。目前已经基本淘汰该类接口设备。

（2）SATA 接口硬盘。

使用 SATA（Serial ATA）口的硬盘又叫串口硬盘，从 2001 年确立了 Serial ATA 1.0 规范到今天 SATA3.0 的应用，SATA 接口硬盘已经成为目前 PC 机硬盘的主流产品。Serial ATA 采用串行连接方式，串行 ATA 总线使用嵌入式时钟信号，具备了更强的纠错能力，与以往相比其最大的区别在于能对传输指令（不仅仅是数据）进行检查，如果发现错误会自动矫正。还具有接口简单，支持热插拔，传输速度快，执行效率高等优点。

SATA 接口硬盘按照技术发展又分为 SATA 1.0、SATA 2.0 和 SATA 3.0，参数比较如表 5-1 所示。

表 5-1　SATA 技术参数对应表

接口类型	数据传输率	数据接口	电源接口	备注
IDE	最高 133MB/s	40 针	D 型 4 针	
SATA1.0	150MB/s	7 针	15 针	
SATA2.0	300MB/s	7 针	15 针	
SATA3.0	600MB/s	7 针	15 针	

SATA 技术的扩展性强，由于采用点对点（Point-to-Point）传输协议，同时 SATA 还支持“星形”连接，这样就可以给 RAID 这样的高级应用提供设计上的便利；在实际的使用中，SATA 的主机总线适配器（Host Bus Adapter，HBA）就好像网络上的交换机一样，可以实现以通道的形式和单独的每个硬盘通讯，即每个 SATA 硬盘都独占一个传输通道，所以不存在像并行 ATA 那样的主/从控制的问题。如果安装了多块 SATA，BIOS 会为它按照 1、2、3 顺序编号(有的从 0 开始编号)。这取决于驱动器接在哪个 SATA 连接器上，使得硬盘安装更为方便，如图 5-2 所示。

图 5-2　主板 SATA 接口硬盘

（3）SCSI 接口硬盘。

SCSI 的英文全称为 Small Computer System Interface（小型计算机系统接口），是同 IDE（ATA）完全不同的接口，IDE 接口是普通 PC 的标准接口，而 SCSI 并不是专门为硬盘设计的接口，是一种广泛应用于小型机上的高速数据传输技术。SCSI 接口具有应用范围广、多任务、带宽大、CPU 占用率低，以及热插拔等优点，但较高的价格使得它很难如 IDE 硬盘般普及，因此 SCSI 硬盘主要应用于中、高端服务器和高档工作站中。

（4）光纤通道。

光纤通道的英文是 Fibre Channel，和 SCIS 接口一样光纤通道最初也不是为硬盘设计开发的接口技术，而是专门为网络系统设计的，但随着存储系统对速度的需求，才逐渐应用到硬盘系统中。光纤通道硬盘是为提高多硬盘存储系统的速度和灵活性才开发的，它的出现大大提高了多硬盘系统的通信速度。光纤通道的主要特性有：热插拔性、高速带宽、远程连接、连接设备数量大等。

光纤通道是为在像服务器这样的多硬盘系统环境而设计的，能满足高端工作站、服务器、海量存储子网络、外设间通过集线器、交换机和点对点连接进行双向、串行数据通讯等系统对高数据传输率的要求。

（5）SAS 接口硬盘。

SAS（Serial Attached SCSI）即串行连接 SCSI，是新一代的 SCSI 技术，如图 5-3 所示，和现在流行的 Serial ATA（SATA）硬盘相同，都是采用串行技术以获得更高的传输速度，并通过缩短连结线改善内部空间等。SAS 是并行 SCSI 接口之后开发出的全新接口。此接口的设计是为了改善存储系统的效能、可用性和扩充性，并且提供与 SATA 硬盘的兼容性。

图 5-3 SAS 硬盘接口

5.1.2 机械硬盘的结构及工作原理

1. 硬盘的外部结构

硬盘外部结构主要包括固定面板、控制电路板以及接口部分。

（1）固定面板。

固定面板起到了固定盘片、马达，同时防尘、防止外力损伤硬盘的作用。同时在面板上设有安装螺丝孔，起到固定硬盘的作用。在固定面板上还有产品标签，注明了产品的厂商、容量、转速以及产地等，如图 5-4 所示。

图 5-4 硬盘固定面板

（2）接口部分。

主要作用是与主板、电源相连，保证硬盘的正常工作。IDE硬盘采用4针D型（梯形）电源接口，工作电压为1.2V，40针数据接口和8针跳线。以目前主流SATA硬盘为例，接口部分主要包括7针数据接口、15针电源接口（工作电压0.5V）和4针跳线（也有8针的）。相比较IDE来说，SATA接口更容易插拔，如图5-5所示。

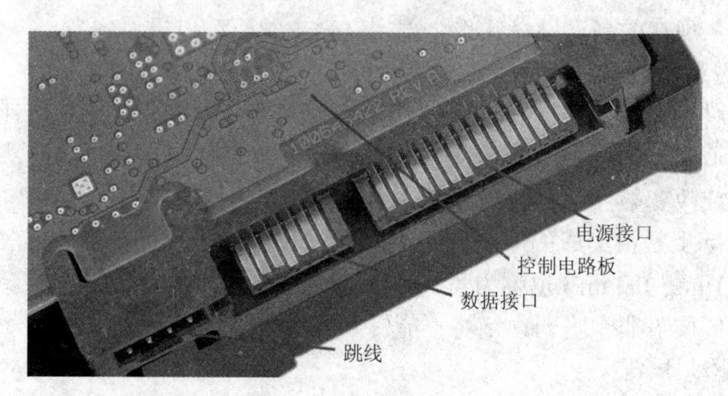

图5-5　SATA硬盘接口

（3）控制电路板。

大多数的控制电路板都采用贴片式焊接，它包括主轴调速电路、磁头驱动与伺服定位电路、读写电路、控制与接口电路等。在电路板上还有一块 ROM 芯片，里面固化的程序可以进行硬盘的初始化，执行加电和启动主轴电机，加电初始寻道、定位以及故障检测等。在电路板上还安装有容量不等的高速数据缓存芯片，容量有64MB、32MB、16MB、8MB。

2. 硬盘内部结构

硬盘内部结构主要分为盘片及主轴装置、浮动磁头组件和磁头驱动器，如图5-6所示。

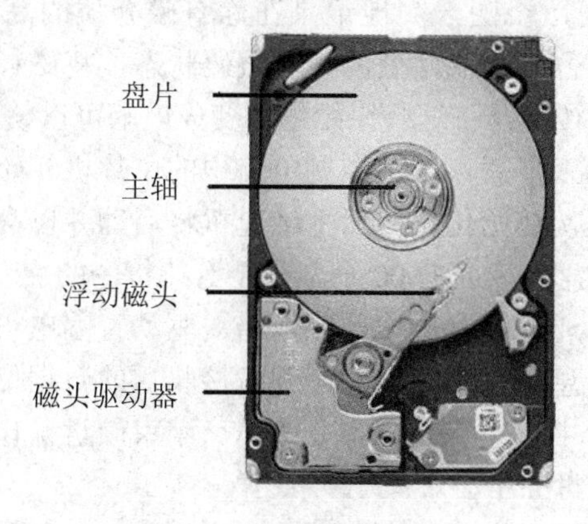

图5-6　硬盘内部构造

（1）盘片及主轴装置。

盘片是硬盘存储数据的载体，硬盘盘片是将磁粉附着在铝合金（新材料也有用玻璃）圆盘片的表面上，这些磁粉被划分成称为磁道的若干个同心圆，在每个同心圆的磁道上就好像有无数的任意排列的小磁铁，它们分别代表着0和1的状态。当这些小磁铁受到来自磁头的磁力影响时，其排列的方向会随之改变。利用磁头的磁力控制指定的一些小磁铁方向，使每个小磁铁都可以用来储存信息。

一个硬盘内通常放有几张盘片，它们共同连接在主轴上。主轴由主轴电机驱动，带动盘片高速旋转。旋转速度越快，磁头在相同时间内相对盘片移动的距离就越多，相应的也就能读取到更多的信息。但是，随着转速的提高，传统滚珠轴承电机磨损加剧、发热过高、噪声加大等种种弊病暴露无遗，各大硬盘厂商纷纷改用以油膜代替滚珠的液体轴承电机，不但可以减小发热和噪声，而且增加了主轴组件的抗震能力，延长其使用寿命。所以，液体轴承电机得以大行其道，现在的高速硬盘几乎全部用它做主轴驱动电机。

（2）浮动磁头组件。

浮动磁头组件由读写磁头、传动手臂和传动轴三部分组成。在盘片高速旋转时，传动手臂以传动轴为圆心带动前端的读写磁头在盘片旋转的垂直反向上移动，磁头感应盘片上的磁信号来读取数据或改变磁性涂料的磁性以达到写入信息的目的。

读写磁头实际上是由集成的多个磁头组成的，和盘片并没有直接的接触，不过与盘片之间的距离只有 0.1μm～0.3μm（也称为飞高），一旦受到震荡就会和盘片相撞，产生悲剧性的后果。所以运转中的硬盘非常脆弱，绝对不能受到任何碰撞。

（3）磁头驱动器。

由音圈电机和磁头驱动小车组成，新型大容量硬盘还具有高效的防震动机构。高精度的轻型磁头驱动机构能够对磁头进行正确的驱动和定位，并在很短的时间内精确定位系统指令指定的磁道，保证数据读写的可靠性。

3. 硬盘工作原理

硬盘驱动器的原理和我们日常使用的盒式录音机的原理十分相似。磁头负责读取以及写入数据。硬盘盘片布满了磁性物质，这些磁性物质可以被磁头改变磁极，利用不同磁性的正反两极来代表电脑里的 0 与 1，起到数据存储的作用。

写入数据实际上是通过磁头对硬盘片表面的可磁化单元进行磁化，将二进制的数字信号以环状同心圆轨迹的形式，一圈一圈地记录在涂有磁介质的高速旋转的盘面上。读取数据时，把磁头移动到相应的位置读取此处的磁化编码状态，将磁粒子的不同极性转换成不同的电脉冲信号，再利用数据转换器将这些原始信号变成电脑可以使用的数据。

硬盘驱动器加电正常工作后，利用控制电路中的单片机初始化模块进行初始化工作，此时磁头置于盘片中心位置，初始化完成后主轴电机将启动并以高速旋转，装载磁头的小车机构移动，将浮动磁头置于盘片表面的 00 道，处于等待指令的启动状态。当接口电路接收到微机系统传来的指令信号，通过前置放大控制电路，驱动音圈电机发出磁信号，根据感应阻值变化的磁头对盘片数据信息进行正确定位，并将接收后的数据信息解码，通过放大控制电路传输到接口电路，反馈给主机系统完成指令操作。结束硬盘操作的断电状态，在反力矩弹簧的作用下浮动磁头驻留到盘面中心。

5.1.3 机械硬盘的主要性能指标

1. 硬盘容量

硬盘内部往往有多个叠起来的磁盘片，所以说硬盘容量=单碟容量×碟片数，单位为 GB、TB，硬盘容量越大越好，这样可以装下更多的数据。要特别说明的是，单碟容量对硬盘的性能也有一定的影响：单碟容量越大，硬盘的密度越高，磁头在相同时间内可以读取到更多的信息，这就意味着读取速度得以提高。目前市场上主流硬盘的容量为 500GB 以上，最高达到了 4TB。

2. 转速

硬盘转速（Rotation speed）对硬盘的数据传输率有直接的影响，从理论上说，转速越快越好，因为较高的转速可缩短硬盘的平均寻道时间和实际读写时间，从而提高在硬盘上的读写速度；可任何事物都有两面性，在转速提高的同时，硬盘的发热量也会增加，它的稳定性就会有一定程度的降低。

所以说我们应该在技术成熟的情况下，尽量选用高转速的硬盘。目前市场上硬盘转速以 5400 转、7200 转、10000 转以及 15000 转为主。

3. 缓存

虽然随着技术发展硬盘的平均访问时间为几毫秒，但 RAM（内存）的速度仍要比硬盘快几百倍。所以 RAM 通常会花大量的时间去等待硬盘读出数据，从而也使 CPU 效率下降。于是，人们采用了高速缓冲存储器（又叫高速缓存）技术来解决这个矛盾。简单地说，硬盘上的缓存容量是越大越好，大容量的缓存对提高硬盘速度很有好处，不过提高缓存容量就意味着成本上升。

目前市面上的硬盘缓存容量通常为 8MB～64MB。

4. 平均寻道时间（Average seek time）

意思是硬盘磁头移动到数据所在磁道时所用的时间，单位为毫秒（ms），与硬盘的平均等待时间密切相关，平均等待时间越短平均寻道时间就越短，硬盘速度就越快。

这是因为当 CPU 发出读取数据指令时，需要硬盘的等待时间，又叫潜伏期（Latency），是指磁头已处于要访问的磁道，等待所要访问的扇区旋转至磁头下方的时间。这个时间当然越小越好。对圆形的硬盘来说，潜伏时间最多是转一圈所需的时间，最少则为 0（不用转），一般来说，平均等待时间多为旋转半圈所需时间。目前的硬盘转速多为 7200r/min，故平均等待时间约等于（1/7200）×60×1000÷2＝4.2ms，依此类推，转速 10000r/min 的硬盘，平均等待时间为 3.0 ms。

5. 硬盘的数据传输率（Data transfer rate）

也称吞吐率，它表示在磁头定位后，硬盘读或写数据的速度。

硬盘的数据传输率有两个指标：

突发数据传输率（Burst data transfer rate）：也称为外部传输率（External transfer rate）或接口传输率，即微机系统总线与硬盘缓冲区之间的数据传输率。突发数据传输率与硬盘接口类型和硬盘缓冲区容量大小有关。目前的支持 SATA3.0 的硬盘最快的传输速率能达到 600MB/s。

持续传输率（Sustained transfer rate）：也称为内部传输率（Internal transfer rate），指磁头至硬盘缓存间的最大数据传输率，一般取决于硬盘的盘片转速和盘片数据线性密度(指同一磁道上的数据间隔度)。

6. 单碟容量

单碟容量就是硬盘盘体内每张磁碟的最大容量。每块硬盘内部有若干张盘片，所有盘片的容量之和就是硬盘的总容量。单碟容量越大，实现大容量硬盘也就越容易，寻找数据所需的时间也相对少一点。同时，单碟容量越大，硬盘的档次越高，性能越好，其故障率也越低，当然价格也越贵。

7. MTBF（连续无故障时间）

指硬盘从开始运行到出现故障的最长时间，单位是小时。一般硬盘的 MTBF 至少在

30000 小时以上。这项指标在一般的产品广告或常见的技术特性表中并不提供，需要时可专门上网到具体生产该款硬盘的公司网址中查询。

5.1.4 机械硬盘的选购策略

1. 接口技术

目前新出货的主板已经很少还有 IDE 接口，而新出的存储设备也没有 IDE 接口类型的。最后一批出厂的 IDE 接口主板和 IDE 接口设备，也已经过了保修期，面临寿命终结；所以，如果从购买角度来说，完全可以把 IDE 这个接口抛之脑后了。

在考虑接口时尽量考虑最先进的硬盘接口，如 SATA 3.0 接口硬盘，保证在五年内能够正常维护或升级。

2. 按需购买

考虑用途，作为办公、娱乐计算机，要考虑够用就行，重点考虑性价比和稳定性，通过测评信息、厂家公布的 MTBF 数值来选择购买，建议大家至少选择 7200 转，1TB 以上的硬盘。对于图像处理、动画制作等应用，为了保证稳定高速运行可以选择 10000 转以上，容量更大的硬盘产品。

3. 发热及噪声问题

传统硬盘采用的是机械式工作方式，硬盘内的碟片旋转和磁头控制全部由电机控制，而这也就直接导致了硬盘工作时会产生较大的噪音，同时硬盘工作温度也会随着使用时间而逐渐提高。同时，硬盘的发热会影响硬盘的电路工作稳定性，也容易使盘片出现读写错误和坏道，对硬盘寿命有很大影响。

同时我们要认识到，硬盘转速越高，也就意味着硬盘的噪音将更明显，而目前来看提高硬盘转速确实是最行之有效提高硬盘性能的方法，这也就导致了性能和噪音之间的矛盾关系。这就决定了选购完全静音、不发热的机械硬盘是不太可能的。

选购硬盘时首先考虑集成降噪技术的硬盘，能够一定程度上解决硬盘发热和噪音问题。尽量购买碟数少的硬盘，一张碟对应两个磁头，减少机械零件，理论上能够减少发热和噪音。另外，最新的固态硬盘虽然获得了零噪音的效果，但目前来看由于固态硬盘价格昂贵还很难普及。

4. 售后服务

一般厂商为消费者提供的“3 年质保”，有的厂家甚至提出了“2 年 100%换新”的政策。好的售后对用户至关重要，在选购硬盘时应该作为主要考察内容。

5.1.5 固态硬盘

固态硬盘（Solid State Disk，SSD）是由控制单元和存储单元组成，简单的说就是用固态电子存储芯片阵列而制成的硬盘，固态硬盘中已经没有可以旋转的盘状结构。固态硬盘的接口规范和定义、功能及使用方法上与传统硬盘的相同，在产品外形和尺寸上也与传统硬盘一致。目前广泛应用于军事、车载、工控、视频监控、网络监控、网络终端、电力、医疗、航空、导航设备等领域。如图 5-7 所示为固态硬盘外形。

1. 接口类型

目前市场上固态硬盘接口主要包括：USB3.0 接口、USB2.0 接口、SATA3 接口、SATA2 接口、eSATA 接口以及 PCI-E 接口等。保证了固态硬盘数据传输的高速。

图 5-7　固态硬盘背面

2. 固态硬盘优缺点

相比传统的机械硬盘，固态硬盘主要优势是高性能、低功耗、轻便，主要不足是价格昂贵与容量小。其特性对比如表 5-2 所示。

表 5-2　固态硬盘和机械硬盘特性对比

	固态硬盘	传统硬盘
容量	较小	大
价格	高	低
随机存取	极快	一般
写入次数	SLC：10 万次 MLC：1 万次	无限制
盘内阵列	可	极难
工作噪音	无	有
工作温度	极低	较明显
防震	很好	较差
数据恢复	难	可以
重量	轻	重

（1）固态硬盘的优点。

速度快。固态硬盘的速度快这是共识，而固态硬盘的速度快，包含三个含义——一是连续读写速度快，最快的固态硬盘已经达到了匪夷所思的 1Gb/S，这个速度已经超过了常规机械硬盘 5 倍以上；第二个含义则是固态硬盘的速度是稳定一致的，而机械硬盘由于工作原理的原因，存在最低速度和最高速度的巨大差异；第三个含义，则是固态硬盘由于不存在机械工作的问题，随机读写速度可以做到非常高，这是机械硬盘所永远不能比的。

抗震性好。固态硬盘由于是全电子线路，没有任何机械元件，所以有非常好的抗震性，这是全电子的固态硬盘先天的优势。

发热和噪音低。同样，由于固态硬盘是全电子部件，没有机械部件，所以它的噪音为零，而去掉了同轴电机这个转速高达几千乃至上万的元件，固态硬盘的发热也低了很多。

理论上说，耗电低。之所以说是理论上，是从工作原理上说，全电子的固态硬盘应该功耗低于机械硬盘，但实际上目前主流的固态硬盘并没有做到这一点，至少从测试中反应不出来。

（2）固态硬盘的缺点。

成本高。这是固态硬盘所固有的缺陷，一方面是因为高速闪存本身每 MB 的价格就比较高，另一方面和固态硬盘的工作原理有关：闪存自身的速度其实是远远低于机械硬盘的，即便300X的高速CF卡，也不过和已经过时的4200转硬盘相当，机械硬盘的高速，是通过类似RAID0 的工作方式来做到的，但这种工作方式也带来了对于系统成本的提升。综合来说，即便价格调整以后，固态硬盘的每 GB 价格依然是机械硬盘的 10 倍；目前一款 512G 固态硬盘价格在 3000 元以上就是实证。

容量小。目前主流的2.5寸固态硬盘只有128GB～512GB，而同尺寸主流的机械硬盘已经高达1TB。甚至3.5寸的机械硬盘已经高达4TB。相比较来说，固态硬盘要做到大容量，一方面可以增加闪存芯片的数量，另一方面需要提升单块闪存芯片的容量。但前者不可能无限制的提升，后者则需要时间。所以固态硬盘的容量要追赶上机械硬盘依然需要时间。

读写速度不一致。机械硬盘在读写上并没有区别，而对于固态硬盘来说，由于其读写电路的工作机理不同，所以写入速度明显低于读取速度。某些低档固态硬盘，读取速度远高于普通机械硬盘，但写入速度却只和普通 U 盘相当。

稳定性。这才是固态硬盘最大的缺点。闪存芯片的工作寿命远远低于机械硬盘，目前闪存芯片有两大类：SLC 和 MLC，其中 SLC 只能承受 10 万次的写入，而较为廉价、在 U 盘及闪存卡上普遍应用的 MLC 更是只能承受区区 1 万次的写入。1 万次的写入寿命对于 U 盘或是 MP3、数码相机这些暂存设备来说没有什么影响，但对于硬盘这种频繁读写的主存储装置来说，显然不太适合。所以目前固态硬盘大都使用了均衡存储技术，避免在同一块区域进行频繁写入，某些服务器级的固态硬盘更是采用了 RAID1 式的安全存储技术，但这些设计又不可避免的增加了成本。而且，其理论上不少于 5 年的工作寿命在实际中是否能够做到，依然是未解之谜。

缓存问题。固态硬盘由于工作机理和机械硬盘不同，所以实际工作中在频繁读写小尺寸文件的时候，会由于 CPU 占用率过高而出现一种俗称“卡死”的现象，表现为在安装软件等工作的时候，硬盘速度会变得惊人的慢甚至慢过了机械硬盘。解决这个问题的办法，是为固态硬盘增加高速缓存，当然，成本提升又不可避免了。

5.2 光驱及光盘

光驱，电脑用来读写光碟内容的机器，也是在台式机和笔记本便携式电脑里比较常见的一个部件。随着多媒体的应用越来越广泛，使得光驱在计算机诸多配件中已经成为标准配置。目前，光驱可分为 DVD 刻录机、蓝光刻录机、DVD 光驱、蓝光光驱、蓝光 COMBO、COMBO 等。

光驱和光盘共同构成外部存储器。

5.2.1 光驱结构及分类

1. 光驱的外观

在光驱正面主要包含防尘门、打开按钮、读盘指示灯和手动退盘孔四部分，过去光驱还包含音频播放按钮和音频输出插口，如图 5-8 所示。

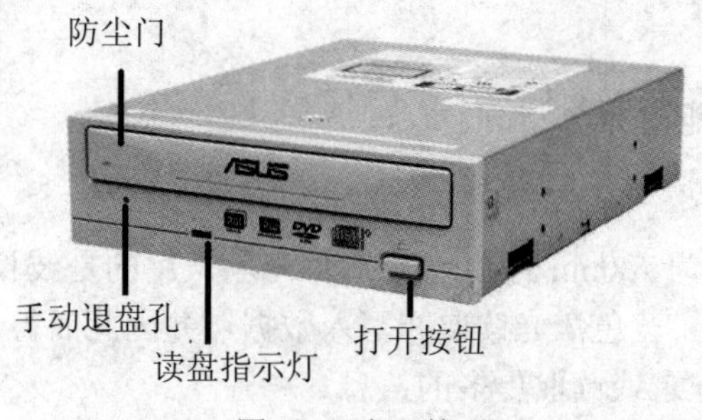

图 5-8　光驱外观

在光驱背面有电源接口和数据接口，目前市场上光驱主要有 USB（外置式光驱）、SATA 和 IDE 接口，后两者类似于硬盘电源接口和数据接口，如图 5-9 所示。

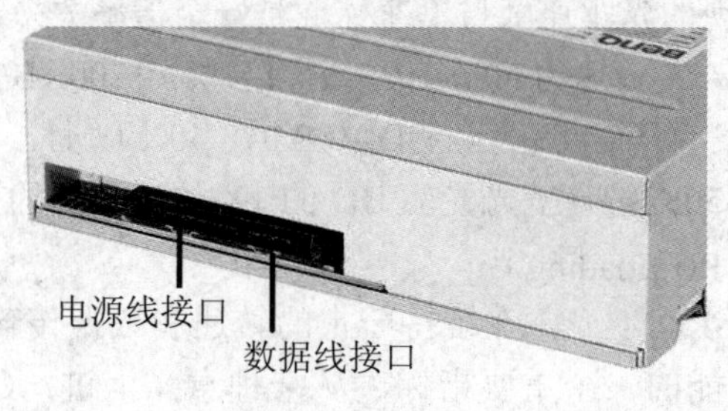

图 5-9　光驱接口

2. 光驱的内部结构

光驱的内部主要由机芯及启动机构组成，整个机芯包括以下部分。

（1）激光头组件：主要包括激光头、聚焦透镜等组成部分，配合齿轮机和导轨等机械部分，在通电状态下根据系统信号确定并读取光盘数据，然后将数据传输到系统。

（2）主轴马达：驱动光盘运行，同时提供数据定位功能。

（3）光盘托架：光盘的承载体。

（4）启动机构：控制光盘托架的进出和主轴马达的启动，加电运行时使包括主轴马达和激光头组件的伺服机构都处于半加载状态。

3. 光驱的分类

（1）CD-ROM 光驱：又称为致密盘只读存储器，是一种只读的光存储介质。它是利用原本用于音频 CD 的 CD-DA（Digital Audio）格式发展起来的。

（2）DVD 光驱：是一种可以读取 DVD 碟片的光驱，除了兼容 DVD-ROM，DVD-VIDEO，DVD-R，CD-ROM 等常见的格式外，对于 CD-R/RW，CD-I，VIDEO-CD，CD-G 等都有很好的支持。

（3）COMBO 光驱："康宝"光驱是人们对 COMBO 光驱的俗称。而 COMBO 光驱是一种集合了 CD 刻录、CD-ROM 和 DVD-ROM 为一体的多功能光存储产品。而蓝光 COMBO 光驱指的是能读取蓝光光盘，并且能刻录 DVD 的光驱

（4）蓝光光驱：蓝光光驱，即能读取蓝光光盘的光驱，向下兼容 DVD、VCD、CD 等格式。

（5）刻录光驱：包括了 CD-R、CD-RW 和 DVD 刻录机以及蓝光刻录机等，其中 DVD 刻录机又分 DVD+R、DVD-R、DVD+RW、DVD-RW（W 代表可反复擦写）和 DVD-RAM。刻录机的外观和普通光驱差不多，只是其前置面板上通常都清楚的标识着写入、复写和读

取三种速度。

5.2.2 光驱的主要性能指标

1. 波长

CD 光驱采用的是波长为 780nm 的激光。DVD 光驱采用的是波长为 650nm 的红激光。BD 光驱利用波长较短的 405nm 蓝色激光读取和写入数据，并因此而得名。通常来说波长越短的激光，能够在单位面积上记录或读取更多的信息。

2. 数据传输速率（Sustained Data Transfer Rate）

数据传输速率是光驱最基本的性能指标，该指标直接决定了光驱的数据传输速度，通常以 KB/s 来计算。最早出现的 CD-ROM 的数据传输速率只有 150KB/s，当时有关国际组织将该速率定为单速，而随后出现的光驱速度与单速标准是一个倍率关系，比如 2X 倍速的光驱，其数据传输速率为 300KB/s，4X 倍速为 600KB/s，8X 倍速为 1200KB/s，12X 倍速时传输速率已达到 1800KB/s，依此类推。目前主流光驱 CD-ROM 在 40X 以上。

DVD 的 1X 倍速是 1350KB/s，蓝光光驱 BD 的 1X 倍速是大约为 4500KB/s。

3. CPU 占用时间（CPU Loading）

CPU 占用时间指 CD-ROM 光驱在维持一定的转速和数据传输速率时所占用 CPU 的时间。该指标是衡量光驱性能的一个重要指标，从某种意义上讲，CPU 的占用率可以反映光驱的 BIOS 编写能力。优秀产品可以尽量减少 CPU 占用率，这实际上是一个编写 BIOS 的软件算法问题，当然这只能在质量比较好的盘片上才能反映。如果碰上一些磨损非常严重的光盘，CPU 占用率自然就会直线上升，如果用户想节约时间，就必须选购那些读“磨损严重光盘”的能力较强、CPU 占用率较低的光驱。从测试数据可以看出，在读质量较好的盘片时，最好的与最差的成绩相差不会超过两个百分点，但是在读质量不好的盘片时，差距就会增大。

4. 高速缓存

高速缓存的容量大小直接影响光驱的运行速度。其作用就是提供一个数据缓冲，它先将读出的数据暂存起来，然后一次性进行传送，目的是解决光驱速度不匹配问题。

5. 平均寻道时间

平均寻道时间（Average Access Time），作为衡量光驱性能的一个标准，是指从检测光头定位到开始读盘这个过程所需要的时间，单位是 ms，该参数与数据传输速率有关。

6. 容错性

尽管目前高速光驱的数据读取技术已经趋于成熟，但仍有一些产品为了提高容错性能，采取调大激光头发射功率的办法来达到纠错的目的，这种办法的最大弊病就是人为地造成激光头过早老化，减少产品的使用寿命。

7. 稳定性

稳定性是指一部光驱在较长的一段时间（至少一年）内能保持稳定的、较好的读盘能力。

5.2.3 光驱选购策略

1. 接口类型

在考虑接口时尽量考虑先进的接口，如 SATA 接口光驱，保证读盘的速度。

2. 数据传输率

越高越好。

3. 缓存大小

目前光驱缓存主要有 1MB 以下、1MB 和 2MB 大小的，直接影响读盘及刻录速度。

4. 兼容性好坏

兼容性决定光驱识别盘片类型的范围，理论上 BD 光驱兼容此前出现的各种光盘产品。

5. 注重品牌

好的品牌决定好的售后服务，稳定的产品质量。根据来自“中关村在线”的数据，目前市场大约有 17 种品牌之多的光驱，选择品牌要注意该产品的市场保有量，产品类别等。

5.2.4 光盘及其选购策略

光盘以光信息作为存储物的载体，用来存储数据的一种物品。分不可擦写光盘，如 CD-ROM、DVD-ROM 等；和可擦写光盘，如 CD-RW、DVD-RAM 等。

1. 光盘种类

根据光盘所使用的激光波长不同，光盘可以分为三类：CD、DVD、BD，这三类光盘都有一次性记录光盘产品和可擦写光盘产品。上面讲到，CD 光盘采用 780nm 波长的激光，DVD 光盘采用 650nm 波长的激光，BD 采用 405nm 波长的激光。激光波长的差异直接决定了光盘的制作工艺和容量大小。

从光盘的容量上看，CD 的最大容量大约是 700MB。单面单层 DVD 是最常见的 DVD，其容量为 4.7GB。BD 的容量比较大，其中单层为 25GB，双层为 50GB。市场上光盘类型如表 5-3 所示。

表 5-3　市场上光盘类型表

种类名称	容量	是否可擦写	备注
CD-R	700MB	否	
CD-RW	650/700MB	是	
DVD-R	4.7/8.5GB	否	8.5GB（双层）
DVD-RW	4.7GB	是	
DVD+R	4.7/8.5GB	否	8.5GB（双层）
DVD+RW	4.7GB	是	
DVD+R DL	8.5GB	否	DL 为双层意思
DVD-RAM	4.7/8.5/9.4GB	是	
BD-R	25/50GB	否	50GB（双层）
BD-RE	25/50GB	是	50GB（双层）

2. 光盘保养

随着刻录机的广泛使用，许多人习惯于将重要的资料刻录成光盘，作为备份。这种数据备份光盘中存放的多是个人数据，不像影音娱乐光盘可以大量复制并随意购买，因此这类光盘一旦损坏，会给用户造成极大的损失。从这个角度来看，用户应该掌握一些光盘保养的基本知识。

（1）光盘因受天气、温度的影响，表面有时会出现水气凝结，使用前应取干净柔软的棉布将光盘表面轻轻擦拭。

（2）光盘放置应尽量避免落上灰尘并远离磁场。取用时以手捏光盘的边缘和中心为宜。

（3）光盘表面如发现污渍，可用干净棉布蘸上专用清洁剂由光盘的中心向外边缘轻揉，切勿使用汽油、酒精等含化学成份的溶剂，以免腐蚀光盘内部的精度。

（4）光盘在闲置时严禁用利器接触光盘，以免划伤。若光盘被划伤会造成激光束与光盘信息输出不协调及信息丢失现象，如果有轻微划痕，可用专用工具打磨恢复原样。

（5）光盘在存放时因厚度较薄、强度较低，在叠放时以 10 张之内为宜，超之则容易使光盘变形影响播放质量。

（6）光盘若出现变形，可将其放在纸袋内，上下各夹玻璃板，在玻璃板上方压 5 公斤的重物，36 小时后可恢复光盘的平整度。

（7）对于需长期保存的重要光盘，选择适宜的温度尤为重要。温度过高或过低都会直接影响光盘的寿命，保存光盘的最佳温度以摄氏 20 度左右为宜。

3. 光盘选购策略

（1）考虑光盘格式：购买自己刻录机支持的盘片。

（2）光盘的倍速：选择与刻录机相匹配的盘片才能发挥刻录机的最大性能。

（3）注意品牌：来自“中关村在线”的数据，市场上大约有 17 个品牌的光盘。大的品牌有索尼、威宝、紫光等。

5.3 其他存储设备

5.3.1 U盘

U 盘，全称 USB 闪存驱动器，英文名 USB flash disk。它是一种使用 USB 接口的无需物理驱动器的微型高容量移动存储产品，通过 USB 接口与电脑连接，实现即插即用。U 盘这个称呼因其简单易记因而广为人知，是移动存储设备之一。

1. U 盘优点

（1）小巧便于携带：U 盘体积很小，仅大拇指般大小，重量极轻，一般在 15 克左右，特别适合随身携带，我们可以把它挂在胸前、吊在钥匙串上、甚至放进钱包里。

（2）存储容量大：目前市场主流 U 盘容量最大达到 256GB，成为移动存储市场最主要的设备。

（3）价格便宜：价格上以最常见的 8GB 为例，30～50 元左右就能买到，16G 的 80 元左右。

（4）性能可靠：U 盘中无任何机械式装置，抗震性能极强。另外，还具有防潮防磁、耐高低温等特性，安全可靠性很好。

（5）扩展性好：U 盘主要目的是用来存储数据资料的，经过爱好者及商家们的努力，把 U 盘开发出了更多的功能：加密 U 盘、启动 U 盘、杀毒 U 盘、测温 U 盘以及音乐 U 盘等。

不足之处是：与其他的闪存设备相同，闪存盘在总读取与写入次数上也有限制；小尺寸的闪存盘也让它们常常被放错地方、忘掉或遗失。

2. U 盘组成

U 盘主要由外壳、机芯和接口组成。

（1）机芯：机芯主要由一块 PCB 电路板以及 USB 主控芯片和 Flash（闪存）芯片组成，如图 5-10 所示。

图 5-10　U 盘机芯

（2）接口：目前市场上 U 盘接口主要有 USB2.0 和 USB3.0 两种。

（3）外壳：按材料分类，有 ABS 塑料、金属、陶瓷等；按风格分类，有卡片、笔型、迷你、卡通、商务、仿真等。

3. U 盘性能指标及选购

U 盘的主要性能指标有：

（1）容量：目前市场主流 U 盘容量有 256GB、128GB、64GB、32GB、16GB、8GB、4GB、2GB 等，容量越大越实用。

（2）接口类型：目前市场上 U 盘接口主要有 USB2.0 和 USB3.0 两种，先进的接口类型带来高速的数据传输率。

（3）外形：可爱、美观甚至个性的外形是 U 盘发展的一大亮点，在充分考虑容量、接口技术基础上，购买 U 盘时可以选择自己喜欢的样子、色彩等，如图 5-11 所示。

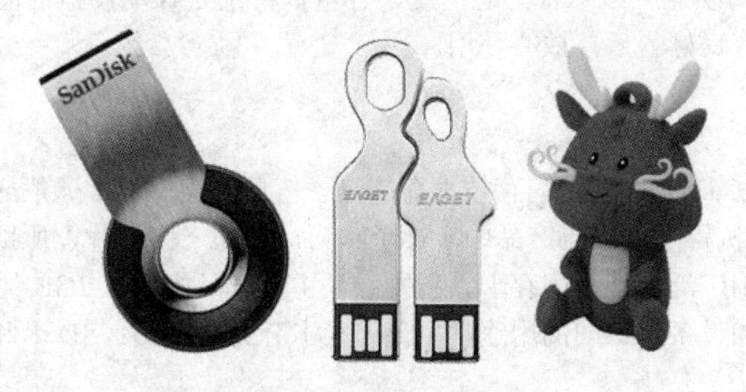

图 5-11　创意 U 盘

（4）品牌：大的品牌能够提供稳定、可靠的产品，提供良好的售后服务。

5.3.2 移动硬盘

移动硬盘（Mobile Hard disk）顾名思义是以硬盘为存储介质，实现计算机之间交换大容量数据，是强调便携性的存储产品。市场上绝大多数的移动硬盘都是以 2.5 英寸、3.5 英寸标准硬盘为基础的，而只有很少部分的是以微型硬盘（1.8 英寸硬盘等）为基础。因为采用硬盘为存储介质，因此移动硬盘的数据读写模式与硬盘是相同的。移动硬盘多采用 USB、IEEE1394 和 eSATA 等传输速度较快的接口，可以较高的速度与系统进行数据传输。

1. 移动硬盘特点

首先，移动硬盘最为突出的特点是移动性，方便了用户使用。

其次，移动硬盘可以提供相当大的存储容量，是一种比较具有性价比的移动存储产品。在大容量“闪盘”价格还仅初步被用户接受的情况下，移动硬盘能在用户可以接受的价格范围内，提供给用户较大的存储容量和不错的便携性。市场中的移动硬盘能提供最大 6TB 存储空间，可以说是 U 盘，磁盘等闪存产品的升级版。

再次，速度高。移动硬盘大多采用 USB、IEEE1394、eSATA 接口，能提供较高的数据传输速度。USB2.0 接口传输速率是 60MB/s，IEEE1394 接口传输速率是 50～100MB/s，而 eSATA 接口传输速率比 USB2.0 快 6 倍。

2. 移动硬盘性能指标及选购

（1）速度：通常 2.5 英寸品牌移动硬盘的读写速度由硬盘、读写控制芯片、接口类型三种关键因素决定。

（2）接口：主流移动硬盘接口主要有 USB2.0、USB3.0 和 eSATA 等，越先进的接口数据传输速率越高。

（3）容量：市场中的移动硬盘能提供 320GB、500GB、600G、640GB、900GB、1000GB（1TB）、1.5TB、2TB、2.5TB、3TB、3.5TB、4TB、6TB 等。

（4)供电：有不少劣质台式电脑主板的机箱前置 USB 端口容易出现供电不足情况，这样就会造成移动硬盘无法被 Windows 系统正常发现的故障。在供电不足的情况下就需要给移动硬盘进行独立供电，因此大部分移动硬盘都设计了 DC-IN 直流电插口以解决这个问题。

（5）品质：市面上有不少所谓的品牌移动硬盘其实是由经销商自己组装的，也就是说，厂商提供给经销商的只是移动硬盘盒，经销商拿到盒子后再把硬盘装进去。这种品牌移动硬盘的品质是无法得到保证的。

因此，选购移动硬盘应该综合考虑速度、容量，特别是移动硬盘的品质，尽量选购正规厂商产品，才能具有良好售后，放心使用。

5.3.3 闪存卡

闪存卡（Flash Card）是利用闪存技术存储电子信息的存储器，一般应用在数码相机，掌上电脑，MP3 和手机等小型数码产品中，样子小巧，有如一张卡片，所以被称为闪存卡。目前由于应用领域范围广泛，使得闪存卡迅猛发展，主流产品容量从 2GB 到 128GB 不等。由于不同的厂家，不同的设备，不同的用途，主流闪存卡分为两大类：SD 卡和记忆棒。

1. SD 卡

SD 卡（Secure Digital Memory Card）是一种基于半导体闪存工艺的存储卡，1999 年，由日本松下、东芝及美国 SanDisk 公司共同研制完成。SD 卡具有大容量、高性能、安全等多种特点的多功能存储卡。

SD 是目前市场上使用最广泛的闪存卡，按照规格和使用特点可以分为 SD 卡、Micro SD 卡、SDHC 卡和 SDXC 卡。

Micro SD 卡也称为 TF 卡，只有指甲般大小，但是却拥有与 SD 卡一样的读写效率与大容量，并与 SD 卡完全兼容，通过附赠的适配器就可以将 Micro SD 当作一般 SD 卡使用。现在很多手机上就使用了这种存储卡，如图 5-12 所示。

图 5-12　TF 卡及 SD 适配器

SDHC 是 SD High Capacity 的缩写，即“高容量 SD 存储卡”。SDHC 卡的最大容量为 32GB，外形尺寸与目前的 SD 卡一样。

图 5-13　SDHC、SDXC 闪存卡

SDXC 是 SD eXtended Capacity 的缩写，即 SDXC 卡不但拥有超高的容量，而且其数据传输速度非常快，最大的传输速度能够达到 300MB/s。SDXC 存储卡的目前最大容量可达 64GB，理论上最高容量能达到 2TB。如图 5-13 所示。

2. SONY 记忆棒

记忆棒（Memory Stick）又称 MS 卡，最早由索尼公司制造，并于 1998 年 10 月推出市场，这种口香糖型的存储设备几乎可以在所有的索尼影音产品上通用，如图 5-14 所示。

图 5-14　SONY 记忆棒

练习题

一、选择题

1．下面硬盘接口已经基本被淘汰的是（　　）。

A．IDE 接口　　B．SATA 接口　　C．SCSI 接口　　D．SAS 接口

2．固态硬盘的优点不包括（　　）。

A．速度快　　B．抗震性好　　C．噪音低　　D．容量大

3．BD 光驱采用的波长是（　　）。

A．红光　　B．蓝光　　C．绿光　　D．黄光

4．关于 BD 康宝的说法，错误的是（　　）。

A．可以读取 DVD　　B．可以刻录 DVD

C．可以读取 BD　　D．可以刻录 BD

二、填空题

1．外部存储器是指除________及 CPU 缓存以外的存储器，常见的有硬盘、光驱、________、U 盘、移动硬盘以及各种闪存卡等。

2．U 盘主要由一块 PCB 电路板以及________和________组成。

3．关于硬盘的容量，硬盘内部往往有多个叠起来的磁盘片，所以说硬盘容量= ________×________。

三、简答题

1．简述计算机的各种外部存储设备及其特点，并举例说明。

2．简述硬盘的工作原理。

3．谈谈你对光盘保养的看法。

第 6 章　输入输出设备

输入输出设备又被称为 I/O 设备，是计算机系统中重要的外部设备。

输入设备（Input Device）是人或外部与计算机进行交互的一种装置，用于把原始数据和处理这些数的程序输入到计算机中。键盘、鼠标、摄像头、扫描仪、光笔、手写输入板、游戏杆、语音输入装置等都属于输入设备。

输出设备（Output Device）是人与计算机交互的一种部件，用于数据的输出。它把各种计算结果数据或信息以数字、字符、图像、声音等形式表示出来。常见的有显示器、打印机、绘图仪、影像输出系统、语音输出系统、磁记录设备等。

6.1　键盘

键盘（Keyboard）是最常见的计算机输入设备，它广泛应用于微型计算机和各种终端设备上，计算机操作者通过键盘向计算机输入各种指令、数据，指挥计算机的工作。计算机的运行情况输出到显示器，操作者可以很方便地利用键盘和显示器与计算机对话，对程序进行修改、编辑，控制和观察计算机的运行，如图 6-1 所示。

图 6-1　键盘

6.1.1　键盘分类

1. 按工作原理分类

（1）机械键盘（Mechanical）：采用类似金属接触式开关，工作原理是使触点导通或断开，具有工艺简单、噪音大、易维护，打字时节奏感强，长期使用手感不会改变等特点。

（2）塑料薄膜式键盘（Membrane）：键盘内部共分四层，实现了无机械磨损。其特点是低价格、低噪音和低成本，但是长期使用后由于材质问题手感会发生变化，已占领市场绝大部分份额。

（3）导电橡胶式键盘（Conductive Rubber）：触点的结构是通过导电橡胶相连。键盘内部有一层凸起带电的导电橡胶，每个按键都对应一个凸起，按下时把下面的触点接通。这种类型键盘是市场由机械键盘向薄膜键盘的过渡产品。

（4）无接点静电电容键盘（Capacitives）：使用类似电容式开关的原理，通过按键时改变电极间的距离引起电容容量改变从而驱动编码器。特点是无磨损且密封性较好。

2. 按连接方式分类

根据市场上主流产品分析，目前键盘连接方式上主要有无线连接和有线连接。

3. 按按键数分类

键盘的按键数曾出现过83键、87键、93键、96键、101键、102键、104键、107键等。根据游戏玩家和计算机多媒体的发展，键盘键数变得没有规则。

4. 按外观分类

按外观可以分为标准键盘和人体工程学键盘。

6.1.2 键盘主要性能指标

1. 按键技术

目前，键盘按键技术主要有机械轴、X架构、火山口架构和宫柱架构。

机械轴键盘的特色是它每一个按键都是一个独立开关，称之谓机械轴，如图6-2所示。

图6-2 机械轴按键

X 架构“X 架构”也叫剪刀脚架构，主要利用剪刀脚工作原理，运用两组平行四连杆机构，以强迫运动方式，让使用者按触键盘的四个角落时，都能享受到顺畅及一致的手感。特点是按键时费力较小，不宜疲劳，而且作用力平均分布在键帽的各个部分，手感更加舒适，如图6-3所示。

图6-3 X架构按键

对于火山口架构，目前市面上80%的键盘都是基于此架构的设计。一个显著的原因是火山口架构价格是在所有架构中相对便宜的，而且设计比较简单。火山口架构需要较长的键程，所以一般应用在普通的键盘上，对于超薄键盘火山口基本无力运用。同时，长时间使用容易疲劳。

宫柱架构是一种新型的电脑按键结构，机构组件包括键（KEYTOP），宫柱（PILLAR），上下盖（COVER）。该键盘按键由两部分组成，一部分是键帽，另一部分是宫柱，装配时，先装配宫柱在上盖上，然后再扣上键帽。键帽采用ABS塑胶材料，字符可以镭雕或者丝印。键帽单体厚度仅为3mm。左右脚方式扣入宫柱。最为显著的特点是外型美观，手感舒适，容易维护，而且生产成本适中，产品寿命可靠性高，如图6-4所示。

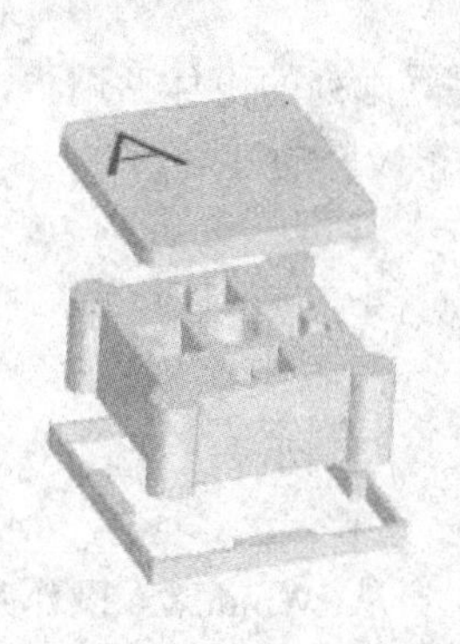

更先进的结构设计，操作平衡，触感轻柔，专用赛钢材质，更长使用寿命。

图6-4　宫柱架构按键

2. 连接方式

目前市场上按照连接方式，有无线键盘、无线（蓝牙）键盘、无线（多连）和有线键盘。其中有线键盘接口为USB和PS/2。

无线键盘是键盘盘体与电脑间没有直接的物理连线，通过红外线或无线电波将输入信息传送给特制的接收器。就当前的无线技术类型来看，主流的无线技术不外乎FM、红外、蓝牙和2.4G。其中蓝牙技术，这是一种基于2.4G技术的无线传输协议，由于采用的协议不同，所以有区别于其他2.4G技术而被称之为蓝牙技术。

那么，上述中的无线鼠标就是指的基于2.4G技术的无线连接技术，无线（蓝牙）鼠标是基于蓝牙技术的无线连接方式。而无线（多连）指的是该技术可以轻松连接多达10个无线产品，不但节省了宝贵的USB端口资源，还能够让你任意组合，轻松将家里、办公室和旅途中需要用的无线产品连接起来。目前多个厂家都有各自的无线多连技术。

3. 键盘接口

目前主流产品，键盘接口主要有USB、PS/2和两者的双接口。

4. 多媒体及游戏功能

这项技术指的是增加了多媒体按键、游戏特殊按键的键盘。常见的多媒体按键有播放、音量调节、启动播放器和打开浏览器等功能。游戏键盘在增加多媒体按键功能同时，增加了可编程G键，方便玩家。

6.1.3 键盘的选购

1. 键盘的触感

作为日常接触最多的输入设备，手感毫无疑问是最重要的。判断一款键盘的手感如何，会从按键弹力是否适中、按键受力是否均匀，键帽是否是松动或摇晃以及键程是否合适这几方面来测试。

2. 键盘的外观

外观包括键盘的颜色和形状，一款漂亮时尚的键盘会为你的桌面添色不少，而一款古板的键盘会让你的工作更加沉闷。因此，对于键盘，只要你觉得漂亮、喜欢、实用就可以了。

3. 键盘的做工

好键盘的表面及棱角处理精致细腻，键帽上的字母和符号通常采用激光刻入，手摸上去有凹凸的感觉，选购的时候认真检查键位上所印字迹是否是刻上去的，而不是印上去的。

4. 键盘键位布局

一流厂商可以利用他的经验把键盘的键位排列的更体贴用户，小厂商就只能沿用最基本的标准，甚至因为品质不过关而做出键位分布极差的键盘。

5. 键盘的噪音

一款好的键盘必须保证在高速敲击时也只产生较小的噪音，不要影响用户的情绪。

6.2 鼠标

鼠标是计算机另一个重要的输入设备。自从 Windows 操作系统统治计算机操作系统以来，鼠标就扮演着举足轻重的角色，成为了不可或缺的输入设备，如图 6-5 所示。

图 6-5 鼠标

6.2.1 鼠标分类

1. 按接口技术分类

按照接口技术可以分为 PS/2 和 USB 接口。这里的 PS/2 接口与键盘 PS/2 接口非常接近，一般通过颜色区别，有些主板将 PS/2 鼠标和 PS/2 键盘接口合二为一成通用 PS/2 接口。USB 接口可以通过特定的转接头转换为 PS/2 接口。

2. 按连接方式分类

按连接方式可以分为有线和无线方式，技术上特别是无线连接技术与键盘相同，也主要使用蓝牙和 2.4G 无线技术。

3. 按工作方式分类

按照工作方式可以分为机械鼠标、光电鼠标、激光鼠标和蓝影鼠标。机械鼠标通过滚球、滚柱和光栅信号传感器协同工作反映出鼠标的位移变化，由于机械鼠标分辨率低、易脏难以清理的缺点，目前已经淘汰。

光电鼠标器是通过红外线或激光检测鼠标器的位移，将位移信号转换为电脉冲信号，再通过程序的处理和转换来控制屏幕上的光标箭头的移动的一种硬件设备。光电鼠标的光电传感器取代了传统的滚球。因此，激光鼠标也属于光电鼠标的一种，激光鼠标其实也是光电鼠标，只不过是用激光代替了普通的 LED 光。好处是可以通过更多的表面，因为激光是 Coherent Light（相干光），几乎是单一的波长，即使经过长距离的传播依然能保持其强度和波形；而 LED 光则是 Incoherent Light（非相干光）。

而基于蓝影技术的鼠标将传统 LED 光学引擎与激光引擎相结合，让鼠标产品具备了超强的表面适应能力以及精确无比的定位能力，使采用 LED 可见光源的鼠标产品具备了超越激光引擎产品的整体实力。而在成本方面，由于 LED 光源相对于激光二极管具有更加低廉的成本，所以采用蓝影技术的鼠标产品的实际成本反而会比激光引擎的产品更低。

6.2.2 鼠标主要性能指标

1. 分辨率（CPI）

分辨率越高，在一定的距离内可获得的定位点越多，鼠标将更能精确地捕捉到用户的微小移动，尤其有利于精准定位；另一方面，分辨率越高，鼠标在移动相同物理距离的情况下，鼠标指针移动的逻辑距离会越远。目前鼠标分辨率基本上在 1000dpi 以上，高档游戏类鼠标最高分辨率达到 6400dpi。

2. 刷新率

鼠标刷新率也叫鼠标的采样频率，指鼠标每秒钟能采集和处理的图像数量。刷新率也是鼠标的重要性能指标之一，即鼠标每一秒能够采集到的图像数据，一般以"FPS/s（帧/秒）"为单位。目前鼠标的刷新频率为 3600FPS/s 左右。

3. 按键寿命

这是衡量鼠标质量好坏的一个指标，优质的鼠标内每个微动开关的正常寿命都不少于 10 万次的点击，而且手感适中。现在主流鼠标按键寿命要远高于这个数值，如双飞燕 G11-580HX 无孔锂电鼠标按键寿命达到了 500 万次。

6.2.3 鼠标的选购

1. 按需购买

根据连接方式，如无线还是有线连接，具体用途上是办公还是游戏，选择适合自己性价比高的鼠标，不要一味追求数字上的表象。如办公用鼠标分辨率在 1000dpi 就足以，游戏玩家才有必要选择价格昂贵的高分辨率鼠标。

2. 手感

选购鼠标要参考是否符合人体工程学，是不是容易使人产生疲劳感，握在手中是否舒适，按键是否轻松而有弹性等。

3. 品牌

目前比较知名的厂家有罗技、微软、双飞燕等，这些品牌的鼠标做工精美，考虑用户使用的舒适，具有良好的售后服务。是用户选择的重要方面。

6.3 其他输入设备

6.3.1 摄像头

摄像头（CAMERA）又称为电脑相机，电脑眼等，是一种视频输入设备，被广泛的运用于视频会议，远程医疗及实时监控等方面。普通的人也可以彼此通过摄像头在网络进行有影像、有声音的交谈和沟通。另外，人们还可以将其用于当前各种流行的数码影像，影音处理，如图 6-6 所示。

图 6-6 摄像头

1. 摄像头分类

根据工作方式摄像头可分为数字摄像头和模拟摄像头两大类。数字摄像头可以将视频采集设备产生的模拟视频信号转换成数字信号，进而将其储存在计算机里。模拟摄像头捕捉到的视频信号必须经过特定的视频捕捉卡将模拟信号转换成数字模式，并加以压缩后才可以转换到计算机上运用。数字摄像头可以直接捕捉影像，然后通过串、并口或者 USB 接口传到计算机里。电脑市场上的摄像头基本以数字摄像头为主，而数字摄像头中又以使用新型数据传输接口的 USB 数字摄像头为主，市场上可见的大部分都是这种产品。

根据图像传感器可以分为 CCD 和 CMOS 两类摄像头。CCD（Charge Coupled Device，电荷耦合器），一般是用于摄影摄像方面的高端技术元件，应用技术成熟，成像效果较好，但是价格相对而言较贵。CMOS（Complementary Metal Oxide Semiconductor，互补金属氧化物半导体），它相对于 CCD 来说价格低，功耗小，但是噪音比较大、灵敏度较低、对光源要求高。

2. 摄像头性能指标

（1）像素（Resolution）。

即传感器像素，也就是我们常说的多少像素的摄像头，是衡量摄像头的一个重要指标之一。目前市场上主流产品在 130 万以上。

（2）动态分辨率。

摄像头的分辨率是指摄像头解析图像的能力，与影像传感器的像素数密切相关。现在市面上较多的 30 万像素 CMOS 的最高分辨率一般为 640×480，50 万像素 CMOS 的最高分辨率一般为 800×600，而 800 万像素 CMOS 的最高分辨率达到了 1280×720。

（3）帧频。

又叫视频捕获能力，是用户最为关心的功能之一，很多厂家都声称最大 30 帧/秒的视频捕获能力，但实际使用时并不能尽如人意。这是因为摄像头的视频捕获都是通过软件来实现的，因而对电脑的要求非常高，即 CPU 的处理能力要足够的快，其次对画面要求的不同，如分辨率，捕获能力也不尽相同。

（4）接口类型。

主流产品以 USB2.0 接口为主。

3．摄像头选购

（1）像素：在实际应用中，摄像头的像素越高，拍摄出来的图像品质就越好，但另一方面也并不是像素越高越好，对于同一画面，像素越高的产品它的解析图像的能力也越强，但相对它记录的数据量也会大得多，所以对存储设备的要求也就高得多，因而在选择时宜采用当前的主流产品。

（2）图像传感器：高端摄像头，比如 Logitech、Creative 的产品基本都采用的是 CCD 感光元器件，主流产品则基本是 CCD 和 CMOS 平分秋色，总的来说还是 CCD 的效果好一点，CCD 元件的尺寸多为 1/3 英寸或者 1/4 英寸，在相同的分辨率下，宜选择元件尺寸较大的为好。用户可以根据自己的喜好来选购。

（3）按需购买：根据自己需求选择性价比高得产品，如果日常用语音聊天要选择集成麦克风的摄像头，有的摄像头还配备了快门按钮、防偷窥功能。

6.3.2　扫描仪

扫描仪（Scanner）是一种计算机外部仪器设备，通过捕获图像并将之转换成计算机可以显示、编辑、存储和输出的数字化输入设备。对照片、文本页面、图纸、美术图画、照相底片、菲林软片，甚至纺织品、标牌面板、印制板样品等三维对象都可作为扫描对象，提取和将原始的线条、图形、文字、照片、平面实物转换成可以编辑及加入文件中的装置，如图 6-7 所示。

图 6-7　扫描仪

扫描仪主要分为滚筒式扫描仪和平面扫描仪，以及近几年才有的笔式扫描仪、便携式扫描仪、馈纸式扫描仪、胶片扫描仪、底片扫描仪和名片扫描仪等。

1．用途及意义

（1）可在文档中组织美术品和图片。

（2）将印刷好的文本扫描输入到文字处理软件中，免去重新打字的麻烦。

（3）对印制版、面板标牌样品扫描录入到计算机中，可对该板进行布线图的设计和复制，解决了抄板问题，提高抄板效率。

（4）可实现印制板草图的自动录入、编辑、实现汉字面板和复杂图标的自动录入，和图片的修改。

2. 性能指标及选购

（1）光学分辨率。

在了解光学分辨率之前应首先明确扫描仪的分辨率分为光学分辨率和最大分辨率，由于最大分辨率相当于插值分辨率，并不代表扫描仪的真实分辨率，所以在选购扫描仪时应以光学分辨率为准。只有光学分辨率是指扫描仪物理器件所具有的真实分辨率。计量单位有两种PPI（Pixels Per Inch）和 dpi（Dots Per Inch）。

（2）扫描速度。

扫描速度有多种表示方法，因为扫描速度与分辨率，内存容量，软盘存取速度以及显示时间，图像大小有关，通常用指定的分辨率和图像尺寸下的扫描时间来表示。扫描速度越快，工作效率越高，是选购扫描仪的一个重要指标。

（3）扫描幅面。

表示扫描图稿尺寸的大小，常见的有 A4、A3、A5 幅面等。扫面尺寸越大，扫描仪价格越昂贵。

（4）品牌竞争力。

市场上有多种品牌的扫描仪，其中以佳能、爱普生、中晶等较为出名。

6.4 显卡

显卡全称显示接口卡（Video card，Graphics card），又称为显示适配器（Video adapter），是个人计算机最基本组成部分之一。显卡的用途是将计算机系统所需要的显示信息进行转换驱动，并向显示器提供行扫描信号，控制显示器的正确显示，如图 6-8 所示。

图 6-8 显卡

6.4.1 显卡基本结构

1. GPU（Graphic Processing Unit）

GPU 是相对于 CPU 的一个概念，目的是突显图形的处理重要性，使显卡减少了对 CPU 的依赖，并进行部分原本 CPU 的工作，尤其是在 3D 图形处理时。因此 GPU 是显卡的核心。目前 GPU 主要由 NVIDIA 与 AMD 等两大厂商生产。

2. 显存

显存是显示内存的简称。其主要功能就是暂时储存显示芯片要处理的数据和处理完毕的数据。图形核心的性能越强，需要的显存也就越多。主流显卡一般采用性能出色的GDDR3、

GDDR5显存。

3. 显卡BIOS

类似于主板BIOS，其中存储着与驱动程序之间的控制程序，另外还有显示卡的型号、规格、生产厂家及出厂时间等信息。打开计算机时，通过显示 BIOS 内的一段控制程序，将这些信息反馈到屏幕上。可以通过专用的程序进行改写或升级。

4. 显卡PCB板

就是显卡的电路板，它把显卡上的各个部件连接起来。功能类似主板。

5. 散热系统

由于GPU速度越来越快，为了保证显卡稳定工作，目前主流产品都配有散热器，专业或高档游戏显卡甚至配备散热风扇、热管散热和热管多种散热方式，可以称之为散热系统。

6.4.2 显卡分类

1. 集成显卡

集成显卡是将显示芯片、显存及其相关电路都集成在主板上，与其融为一体；集成显卡的显示芯片有单独的，但大部分都集成在主板的北桥芯片中；一些主板集成的显卡也在主板上单独安装了显存，但其容量较小，集成显卡的显示效果与处理性能相对较弱，不能对显卡进行硬件升级，但可以通过 CMOS 调节频率或刷入新 BIOS 文件实现软件升级来挖掘显示芯片的潜能。

集成显卡的优点：功耗低、发热量小，部分集成显卡的性能已经可以媲美入门级的独立显卡，所以不用花费额外的资金购买独立显卡。

2. 独立显卡

独立显卡是指将显示芯片、显存及其相关电路单独做在一块电路板上，自成一体而作为一块独立的板卡存在，它需占用主板的扩展插槽（AGP、PCI-E）。

独立显卡的优点：单独安装显存，一般不占用系统内存，在技术上也较集成显卡先进得多，比集成显卡能够得到更好的显示效果和性能，容易进行显卡的硬件升级。

目前市场独立显卡根据性能及用途分为两类，一类专门为游戏设计的娱乐显卡，一类则是用于绘图和 3D 渲染的专业显卡。当前性能最强用于游戏的独立显卡分别是英伟达的GTX690和AMD的HD7990，而目前用于3D绘图的独立显卡则是英伟达的Q6000。

3. 核芯显卡

核芯显卡是Intel产品新一代图形处理核心，和以往的显卡设计不同，Intel凭借其在处理器制程上的先进工艺以及新的架构设计，将图形核心与处理核心整合在同一块基板上，构成一颗完整的处理器。智能处理器架构这种设计上的整合大大缩减了处理核心、图形核心、内存及内存控制器间的数据周转时间，有效提升处理效能并大幅降低芯片组整体功耗，有助于缩小核心组件的尺寸，为笔记本、一体机等产品的设计提供了更大选择空间。

需要注意的是，核芯显卡和传统意义上的集成显卡并不相同。笔记本平台采用的图形解决方案主要有“独立”和“集成”两种，前者拥有单独的图形核心和独立的显存，能够满足复杂庞大的图形处理需求，并提供高效的视频编码应用；集成显卡则将图形核心以单独芯片的方式集成在主板上，并且动态共享部分系统内存作为显存使用，因此能够提供简单的图形处理能力，以及较为流畅的编码应用。相对于前两者，核芯显卡则将图形核心整合在处理器当中，进一步加强了图形处理的效率，并把集成显卡中的“处理器+南桥+北桥（图形核心+内存控制+显示输出）”三芯片解决方案精简为“处理器（处理核心+图形核心+内存控制）+主板芯片（显示输出）”的双芯片模式，有效降低了核心组件的整体功耗，更利于延长笔记本的续航时间。

核芯显卡的优点：低功耗、高性能；缺点：配置核芯显卡的 CPU 通常价格较高，同时其难以胜任大型游戏。

6.4.3 性能指标

1. GPU

GPU 类似 CPU，目前 GPU 市场被 NVIDIA 和 AMD 统治，优良的 GPU 型号能给显卡带来澎湃的动力和速度，同时还要考虑 GPU 的核心频率和制造工艺，目前主流显示芯片核心频率在 1GHz 左右、制作工艺一般为 28nm、40nm 等。

2. 显存

目前主流显卡显存类型有 GDDR5、GDDR3、SDDR3 和 GDDR2，大小有从 256MB 到 6GB，高端显卡显存的频率高达 6600MHz。同时，显存位宽也对显卡性能有重要影响，目前市场显存位宽从 64bit 到 768bit，位宽越大显卡性能越好，但价格越昂贵。

3. 最高分辨率

最大分辨率就是表示显卡输出给显示器，并能在显示器上描绘像素点的数量。分辨率越大，所能显示的图像的像素点就越多，并且能显示更多的细节，当然也就越清晰。

决定最大分辨率主要是显存的容量和显卡的 RAMDAC 频率，目前所有主流显卡的 RAMDAC 都达到了 400MHz，至少都能达到 2048x1536 的最大分辨率，而最新一代显卡的最大分辨率更是高达 2560x1600 了。

另外，显卡能输出的最大显示分辨率并不代表自己的电脑就能达到这么高的分辨率，还必须有足够强大的显示器配套才可以实现。

4. 显卡接口技术

目前市场主流显卡的接口主要有 DisplayPort 接口、HDMI 接口、双 DVI 接口和 DVI+VGA 接口，如图 6-9 所示。

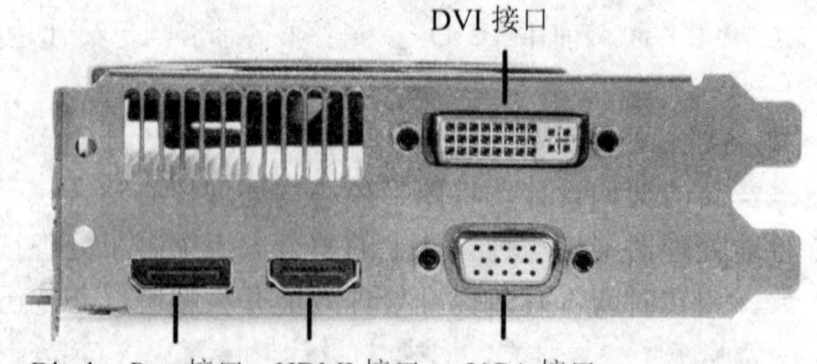

图 6-9 显示器 I/O 接口

DisplayPort 接口又叫 Dp 接口，作为 DVI 的继任者，DisplayPort 将在传输视频信号的同时加入对高清音频信号传输的支持，同时支持更高的分辨率和刷新率。是目前最为先进、速度最快的接口，DisplayPort 1.0 规格支持 10.8Gbps 数据传输率，未来 DisplayPort 采用新的 2X 速率标准将达到 21.6Gbps。

HDMI（High Definition Multimedia Interface）是一种数字化视频/音频接口技术，是适合影像传输的专用型数字化接口，其可同时传送音频和影音信号，最高数据传输速度为5Gbps。

DVI（Digital Visual Interface），即数字视频接口。不同标准的DVI还可以兼容模拟信号，不能够传输声音信号，DVI1.0最高数据传输率达到了1.65Gbps。

VGA（Video Graphics Array）是IBM在1987年随PS/2机一起推出的一种视频传输标准，具有分辨率高、显示速率快、颜色丰富等优点，在彩色显示器领域得到了广泛的应用。是模拟信号输出，和前三种接口比较速度要慢很多。

6.4.4 选购策略

1. 总线接口

目前市场主流显卡总线接口为PCI-E 16X，随着AGP、PCI总线接口的淘汰，这是购买时一定要注意的问题。

2. 品牌

由于显卡是芯片厂商提供规范，技术开放因此显卡品牌众多，在价格、性能、做工等方面差距很大，在选择是时候要充分考虑需求，按需选购，同时选择信誉好、知名厂商产品。

3. 性能指标

决定显卡性能的有总线接口、显示芯片及其频率、显存及其容量，同时显存的位宽，特别是注意显存是不是独立显存。

6.5 显示器

显示器又叫监视器（Monitor）。显示器是个人电脑的必备设备，是用户和计算机交互的信息平台。目前常见的显示器液晶显示器（LCD），如图6-10所示。

图6-10 液晶显示器

6.5.1 解读LCD显示器与LED显示器

提到显示器，一定有人会比较LCD和LED。其实LCD（Liquid Crystal Display）一般指液晶显示器，而LED是采用LED背光的液晶显示器。在目前的市场上，液晶显示器根据背光不同主要分为两类，一类是采用传统CCFL（冷阴极荧光灯管）的液晶显示器，另一类是采用LED（发光二极管）背光的液晶显示器。为了区分两者许多人就直接将第一类显示器称为

LCD，第二类显示器称为 LED。表述虽然不正确，但确实广泛存在。

因为，对于许多人提出的“LCD 与 LED 的区别”，其实真正要对比的是“LED 背光液晶显示器与传统 CCFL 背光液晶显示器两者之间的区别”。

6.5.2 液晶显示器的技术指标

1. 最佳分辨率

分辨率通常用一个乘积来表示。它标明了水平方向上的像素点数（水平分辨率）与垂直方向上的像素点数（垂直分辨率）。最佳分辨率越高，意味着屏幕上可以显示的信息越多，画质也越细致。同时最佳分辨率也与屏幕尺寸、比例相关，是显示器性能的一个非常重要指标。目前市场上主流显示器最佳分辨率多为 2560x1600、1920x1080、1360x768 等。

2. 屏幕尺寸

液晶显示器的屏幕尺寸是指液晶面板的对角线尺寸，以英寸为单位。目前市场上常见显示器有 19 英寸、20 英寸、21.5 英寸、22 英寸、23 英寸、23.6 英寸和 24 英寸等。

3. 可视角度

液晶显示器发出的光由液晶模块背后的背光灯提供，这必然导致液晶显示器有一个最佳的欣赏角度：正视。当从其他角度观看时，由于背光可以穿透旁边的像素而进入人眼，就会造成颜色的失真。液晶显示器的可视角度就是指能观看到不失真图像的视线与屏幕法线的角度，这是评估液晶显示器的重要指标之一，数值当然是越大越好。一般可视角度为 170/160°（水平/垂直可视角度）。

4. 黑白响应时间

黑白响应时间指的是液晶显示器对于输入信号的反应速度，也就是液晶由暗转亮或由亮转暗的反应时间，通常是以毫秒（ms）为单位。此值当然是越小越好。目前主流液晶显示器的黑白响应时间在 2ms～5ms 之间。

5. 亮度

亮度是指画面的明亮程度，单位是堪德拉每平米（cd/m2）或称 nits，也就是每平方公尺分之烛光。目前提高亮度的方法有两种，一种是提高 LCD 面板的光通过率；另一种就是增加背景灯光的亮度，即增加灯管数量。主流显示器产品亮度一般为 250cd/m^2。

6. 屏幕坏点

液晶显示器是靠液晶材料在电信号控制下改变光的折射效应来成像的。如果液晶显示屏中某一个发光单元有问题或者该区域的液晶材料有问题，就会出现总不透光或总透光的现象，这就是所谓的屏幕“坏点”。这种缺陷表现为，无论在任何情况下都只显示为一种颜色的一个小点。按照行业标准，3 个坏点以内都是合格的。

屏幕坏点可以通过软件测试，目前有的厂商承诺零坏点。

7. I/O 接口

I/O 接口与显卡匹配，主要有 VGA、DVI、HDMI 和 DisplayPort 等接口，有的配置有 USB 口，如图 6-11 所示。

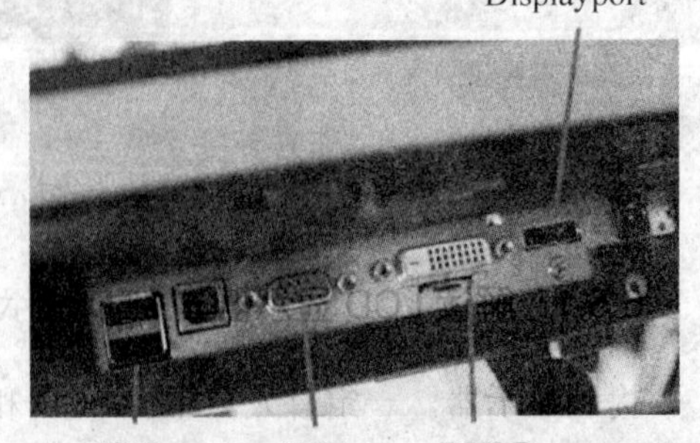

图 6-11 液晶显示器 IO 接口

6.5.3　液晶显示器选购

选购液晶显示器除了考虑相应的技术指标外还要注意以下问题。

（1）外观。

正规厂商的外包装精致讲究，显示器乃至各连接线都做工细致，有配套附件清单，尤为注意外包装的完好，型号对应。可以到通过查询显示器的序列号查询真伪。

（2）接口和其他特性。

丰富而先进的接口是显示器提供给用户的优越性能和较长时间不落后，尽量选择具有 DVI、HDMI 和 DisplayPort 接口的显示器，有的显示器还配置有 USB、音箱和摄像头，甚至支持遥控功能、电视功能，都可以作为参考依据。

（3）屏幕尺寸。

目前主流显示器尺寸从 17 寸到 30 寸不等，屏幕比例也可以分为宽屏和普屏，一般选择 20 寸以上的显示器；宽屏比例主要有 16:10、16:9，普屏主要有 4:3 和 5:4。目前多数用户考虑宽屏，一个原因是方便欣赏宽银幕的电影，二是一个宽屏能显示两个窗口，大大提高办公效率，至于 16:9 还是 16:10 没有太多要求。

6.6　声卡

声卡（Sound Card）也叫音频卡，是多媒体技术中最基本的组成部分，能够实现声波/数字信号相互转换。声卡的基本功能是把来自话筒、磁带、光盘的原始声音信号加以转换，输出到耳机、扬声器、扩音机、录音机等声响设备，或通过音乐设备数字接口（MIDI）使乐器发出美妙的声音，如图 6-12 所示。

图 6-12　声卡

6.6.1　声卡分类

声卡可以分为集成声卡和独立声卡。集成声卡最大的优势就是性价比。目前集成声卡几乎成为主板的标准配置，没有集成声卡的主板反而比较少了。虽然集成声卡音效已经很不错了，但独立声卡并没有因此而销声匿迹，现在大部分独立声卡都是针对音乐发烧友以及其他特殊场合而量身定制的。

同时，独立声卡按照接口类型，可以分为PCI接口、PCI-E接口及USB接口三种。目前绝大部分内置声卡都采用PCI接口或PCI-E接口，而外置式声卡均采用USB接口与主机连接。

按照声道数量目前主流声卡可以分为双声道、5.1声道和7.1声道三类声卡。按适用类型分为家用和专业。

6.6.2 声卡结构

声卡由PCB电路板、数字信号处理芯片（Digital Signal Processor，DSP）、总线接口和I/O接口组成。

1. 数字信号处理芯片（Digital Signal Processor，DSP）

声卡的数字信号处理芯片（Digital Signal Processor，DSP）是声卡的核心部件。在主芯片上都标有商标、芯片型号、生产日期、编号和生产厂商等重要信息。它负责将模拟信号转换为数字信号（A/D转换）和将数字信号转换为模拟信号（D/A转换）。数字信号处理芯片基本上决定了声卡的性能和档次，通常我们也按照此芯片的型号来称呼该声卡。

2. 总线接口

主流声卡接口主要有PCI、PCI-E，外置声卡接口为USB，如图6-13所示。

图6-13 PCI-E声卡

3. 声卡主要I/O接口

线型输入接口（Line In）：Line In端口将品质较好的声音、音乐信号输入，通过计算机的控制将该信号录制成一个文件。通常该端口用于外接辅助音源，如影碟机、收音机、录像机及VCD回放卡的音频输出。

线型输出端口（Line Out）：它用于外接音箱功放或带功放的音箱。

话筒输入端口（Mic In）：它用于连接麦克风（话筒），可以将自己的歌声录下来实现基本的“卡拉OK功能”。

扬声器输出端口（Speaker/SPK）：它用于插外接音箱的音频线插头。

MIDI即游戏摇杆接口（MIDI）：几乎所有的声卡上均带有一个游戏摇杆接口来配合模拟飞行、模拟驾驶等游戏软件，这个接口与MIDI乐器接口共用一个15针的D型连接器（高档声卡的MIDI接口可能还有其他形式）。该接口可以配接游戏摇杆、模拟方向盘，也可以连接电子乐器上的MIDI接口，实现MIDI音乐信号的直接传输。

6.6.3　声卡的性能指标和选购

普通用户来说，在选购声卡时只要够用就行了，不要盲目追求高档的产品，更多应该关注声卡的价格。从性能上讲，集成声卡完全不输给中低端的独立声卡，在性价比上集成声卡又占尽优势。对于中低端市场，追求性价比的用户，集成声卡是不错的选择。如果是一些对音效要求十分严格的专业用户，需要购买高档产品，还需要关注以下几方面性能指标。

（1）声道。

主流声卡的声道主要双声道、5.1声道和7.1声道。选择多声道要根据个人对声音效果的追求。

5.1声道：在5.1声道系统里采用左（L）、中（C）、右（R）、左后（LS）、右后（RS）五个方向输出声音，使人产生犹如身临音乐厅的感觉。五个声道相互独立，其中“.1”声道，则是一个专门设计的超低音声道。正是因为前后左右都有喇叭，所以就会产生被音乐包围的真实感。

7.1声道：7.1声道系统的作用简单来说就是在听者的周围建立起一套前后声场相对平衡的声场，不同于5.1声道声场的是，它在原有的基础上增加了后中声场声道。

（2）采样位数和采样频率。

音频信号是一种连续的模拟信号，而计算机处理的却只能是数字信号，因此若要对音频信号进行处理，就必须先进行模/数（A/D）的转换。这个转换过程就是对音频信号的采样和量化的过程，即把时间上连续的模拟信号转变为时间上不连续的数字信号。只要在连续量上的等间隔取足够多的“点”，就能够逼真地模拟出原来的连续量。这个取点的过程就称为“采样”。采样精度越高，数字声音越逼真。

（3）做工。

从外观上，PCB线路板应该光滑、精美，一般来说知名厂商会采用优质的4层或6层板，使得声卡能够稳定工作，通过看有无毛刺就能够鉴定PCB线路板的质量；此外，还可以通过元器件的质量、布局等鉴定主板的优劣。

6.7　多媒体音箱

多媒体音箱，也就是通常所称的“电脑音箱”。较传统音箱相比拥有小体积、易操作的特点。通过连接声卡，能够满足普通消费者的多媒体应用需求。

6.7.1　多媒体音箱分类

（1）按箱体材质分木质音箱、塑料音箱、金属材质音箱等。

（2）按扬声器单元数量分2.0音箱、2.1音箱、5.1音箱等。

（3）按组成分有源音箱和无源音箱。

无源音箱是没有电源和音频放大电路的音箱，只是在塑料压制或木制的音箱中安装了两只扬声器，靠声卡的音频功率放大电路输出直接驱动，连接到声卡的Speaker接口上。这种音箱的音质和音量主要取决于声卡的功率放大电路，通常音量不大。

有源音箱是在普通的无源音箱中，加上功率放大器。优质的扬声器、良好的功率放大器、漂亮的外壳工艺构成了多媒体有源音箱的基本框架。有源音箱必须使用外接电源。有源音箱一般由一个体积较大的“低音炮”和两个体积较小的“卫星音箱”组成，如图 6-14 和图 6-15 所示。

图 6-14　无源音箱

图 6-15　有源音箱

6.7.2　音箱技术指标

1. 功率

和音箱相关联的功率主要有：额定功率（RMS：正弦波均方根）与瞬间峰值功率（PMPO 功率）。前者是指在额定范围内驱动一个 8Ω 扬声器规定了波形持续模拟信号，在有一定间隔并重复一定次数后，扬声器不发生任何损坏的最大电功率；后者是指扬声器短时间所能承受的最大功率。通常商家为了迎合消费者心理，标出的是瞬间（峰值）功率，一般是额定功率的 8 倍左右。所以在选购多媒体音箱时要以额定功率为准。

2. 频响范围

音箱的频响范围是指该音箱在音频信号重放时，在额定功率状态下并在指定的幅度变化范围内，所能重放音频信号的频响宽度。从理论上讲，音箱的频响范围应该是越宽越好，至少应该是在 18Hz～20kHz 的范围。

3. 信噪比

是指音箱回放的正常声音信号与无信号时噪声信号（功率）的比值，用 dB 表示。例如，某音箱的信噪比为 80dB，即输出信号功率比噪音功率大 80dB。信噪比数值越高，噪音越小。

4. 失真度

音箱的失真度定义与放大器的失真度基本相同。不同的是放大器输入的是电信号，输出的还是电信号，而音箱输入的是电信号，输出的则是声波信号。所以音箱的失真度是指电信号转换的失真，声波的失真允许范围是10%内，一般人耳对5%以内的失真基本不敏感。

6.7.3　音箱的选购

1．音箱材质

好的音箱一般使用中密度板作为箱体材料，而使用塑料作为箱体的音箱声音一般不会太好。箱体的重量也是衡量音质的重要标志，买音箱有句俗话："论斤买"，音箱箱体越重，代表使用的板材越厚，控制谐振的能力也就越强，声音会更厚实。由于多媒体音箱包含了功放，功放的变压器功率越大，也就越重，所以从另一个方面来说，音箱越重，表示功率也越大。

2．功率

音箱的功率不是越大越好，适用就是最好的，对于普通家庭用户的20平米左右的房间来说，真正意义上的60W功率（指音箱的有效输出功率30W×2）是足够的了，但功放的储备功率越大越好，最好为实际输出功率的2倍以上。比如音箱输出为30W，则功放的能力最好大于60W，对于HiFi系统，驱动音箱的功放功率都很大。

3．有源音箱及其他特性

无源音箱造价低，功率小，只能满足低端需求。有源音箱注重品质，保证功率和声效。

此外音箱做工、用料对于音箱声效具有很大的影响，同时防止因为注重外形而选择华而不实的音箱。

此外，微型计算机紧密相关的常用输入设备还有耳机、麦克风、视频采集卡、手写绘画输入以及TV卡，输出设备还有打印机、绘图机等。

练习题

一、填空题

1．输入输出设备又被称为________。

2．键盘接口主要有________、________和________。

3．目前占领市场绝大部分份额的键盘是________。

4．显卡的基本结构有________、________、________、________、________。

5．显示器可以分为阴极射线（CRT）显示器和________（LCD）。

二、简答题

1．简述光电鼠标的工作原理。

2．简述LCD与LED的区别。

3．简述集成显卡和独立显卡的优缺点。

第7章　其他设备

根据目前微型计算机组装情况，还有机箱、机箱电源、网卡以及无线路由器等设备为微机的必要设备。

7.1　机箱

机箱作为电脑配件中的一部分，它起的主要作用是放置和固定各电脑配件，起到一个承托和保护作用。此外，电脑机箱具有屏蔽电磁辐射的重要作用。

7.1.1　机箱分类

来自“中关村在线”的产品信息显示，目前机箱的种类很多。从外形上看，机箱可分为立式、卧式和立卧两用式三种。从结构上看，机箱可分为ATX型、MicroATX（MATX）型、ITX和EATX型。

1. 机箱样式

卧式机箱早期流行，优点是节省空间，显示器可以放在主机上；缺点是内部空间小，扩展性差，不利于散热。

立式机箱是目前的主流产品，因为没有高度限制，内部空间大，可以提供更多的扩展槽和支架，因此克服了卧式机箱的缺点，扩展性好，散热性好。

立卧两用机箱一般以漂亮的外观，时尚的造型，小巧的外观深受用户欢迎，但是避免不了扩充升级能力差的问题，如图7-1所示。

图7-1　立卧两用机箱

7.1.2　机箱结构

机箱一般包括外壳、支架、面板上的各种开关、指示灯等，如图7-2所示。外壳用钢板和塑料结合制成，硬度高，主要起保护机箱内部元件的作用。支架主要用于固定主板、电源和各种驱动器。

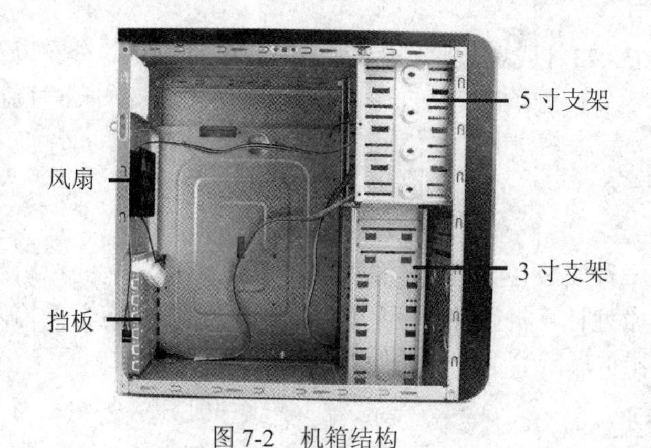

图 7-2　机箱结构

7.1.3　机箱选购

由于机箱不像 CPU、显卡、主板等配件能迅速提高整机性能，一直不被列为重点考虑对象。但是需要重申：机箱的作用不能小觑，装机如果使用杂牌劣质机箱，可能会导致主板短路，使系统变得很不稳定，防磁性能差，甚至对用户身体健康带来伤害。

1．外观美观耐用

随着时代发展，机箱在满足用户实用的基础上外观变得越来越美，但选购机箱一定注意不要美而不实。好的品牌注重自身产品质量，在板材选用上考究，烤漆均匀，防磁性能优良，因此从分量上就能够区分机箱的优劣。此外，还要看机箱内部布局是否合理，从硬件维护、安装是否免工具拆装以及散热考虑等方面考虑选购机箱。

2．理线功能

良好的理线功能，能够方便硬件的维护升级，能够增强机箱的散热性，更加易于清洁，如图 7-3 所示。

图 7-3　机箱背部理线

3．可扩展性

未来电脑的发展前景永远难以估量，能够准备的越齐全当然越能够满足未来的需要，主要考察提供了多少个5.25寸光驱位置和3.5寸软驱、硬盘位置的分布以及设计。能选择大机箱不选择Micro机箱，除了考虑扩展性之外，对于主机的散热也非常有益。

7.2 机箱电源

计算机电源是一种安装在主机箱内的封闭式独立部件，它的作用是将交流电通过一个开关电源变压器换为微型计算机硬件需要的稳定直流电，以供应主机箱内主机板、硬盘、光盘驱动器及各种适配器扩展卡等系统部件使用。

7.2.1 电源分类

目前市场上主流电源从类型上可以分为台式机电源、小机箱电源和服务器电源。

1. 台式机电源

台式机电源即ATX电源。ATX电源最主要的特点就是，它不采用传统的市电开关来控制电源是否工作，而是采用“+5VSB、PS-ON”的组合来实现电源的开启和关闭，只要控制PS-ON信号电平的变化，就能控制电源的开启和关闭。PS-ON小于1V时开启电源，大于4.5V时关闭电源。和AT电源不一样，ATX电源除了在线路上作了一些改进，其中最重要的区别是，关机时ATX电源本身并没有彻底断电，而是维持了一个比较微弱的电流。同时它利用这一电流增加了一个电源管理功能，称为Stand-By。它可以让操作系统直接对电源进行管理。通过此功能，用户就可以直接通过操作系统实现软关机，而且还可以实现网络化的电源管理，实现远程唤醒。

通常ATX电源提供主板接口（20+4pin）、CPU接口（4+4pin）、显卡接口（6+2Pin）、硬盘接口（SATA）和供电接口（大4pin）等接口，如图7-4所示。

图7-4 ATX电源

2. Micro ATX电源

Micro ATX是Intel在ATX电源之后推出的标准，主要目的是为了降低个人电脑系统的总体成本与减少电脑系统对电源的需求量。与ATX的显著变化是体积和功率减小了，提供的直流电接口也相对少，价格也相对便宜很多。

Micro ATX电源在品牌机上被广泛应用，相应的主板也必须为Micro ATX标准，如图7-5所示。

图 7-5　Micro ATX 电源

7.2.2　电源性能指标

1. 额定功率

电源最主要的性能参数，一般指直流电的输出功率，单位是瓦特（W），现在市场上常见的有 250W、300W、350W、400W 和 500W 等多种电源，台式机电源功率最大可达到 1500W。

大功率电源可以连接更多的设备，有利于微型计算机的扩展，保证微型计算机稳定运行，一般情况下电源的额定功率会在电源商标上明确标示。

2. 接口技术

电源的接口技术主要体现在直流电输出上，参考主流硬件设备电源接口，支持 SATA 硬盘、显卡接口、CPU 接口显得非常重要。

3. 过压保护

若电源的电压太高，则可能烧坏计算机的主机及其插卡，所以市面上的电源大都具有过压保护的功能，即当电源一旦检测到输出电压超过某一值时，就自动中断输出，以保护板卡。

4. 瞬间反应能力

瞬间反应能力也就是电源对异常情况的反应能力，它是指当输入电压在允许的范围内瞬间发生较大变化时，输出电压恢复到正常值所需的时间。

5. 电磁干扰

电源在工作时内部会产生较强的电磁振荡和辐射，从而对外产生电磁干扰，这种干扰一般是用电源外壳和机箱进行屏蔽，但无法完全避免这种电磁干扰，为了限制它，国际上制定了 FCCA 和 FCCB 标准，国内也制定了国标 A（工业级）和国标 B（家用电器级），优质电源都能通过 B 级标准。

6. 开机延时

开机延时是为了向微机提供稳定的电压而在电源中添加的新功能，因为在电源刚接通电时，电压处于不稳定状态，为此电源设计者让电源延迟 100ms～500ms 之后再向微机供电。

7. 电源效率和寿命

电源效率和电源设计电路有密切的关系，提高电源效率可以减少电源自身的电源损耗和发热量。电源寿命是根据其内部的元器件的寿命确定的，一般元器件寿命为 3～5 年，则电源寿命可达 8～10 万小时。

7.2.3 电源选购

1. 做工

首先，好的电源内部会采用规范、高质量电子器件，特别是较大散热装置，相对要重些；其次，好电源的外接线要粗，插头质量好；最后是品牌，大品牌更注重质量和售后。

2. 额定功率

根据目前微机发展的状况，特别是为满足用户未来添加新硬件，如硬盘、板卡、光驱等，建议购买功率在 450W 以上的电源。

3. 噪音

目前有的电源提出了 0 分贝电源，说明电源或微机的噪音给人们带来的负面影响。在选购时，重点查看电源风扇是否转动平稳，听听是否噪音过大。

4. 安全认证

为了避免因电源质量问题引起的严重事故，电源必须通过各种安全认证才能在市场上销售，因此电源的标签上都会印有各种国内、国际认证标记。其中，国际上主要有 FCC、UL、CSA、TUV 和 CE 等认证，国内认证为中国的安全认证机构的 CCEE 长城认证。

7.3 网卡

网卡也称 NIC（Network Interface Card，网络接口卡）或网络适配器。它是插在微机或服务器扩展槽内的扩展卡。微机通过网卡与其他的微机交换数据，共享资源。组建局域网时，必须使用网卡，网卡通过网络传输介质与网络相连。网卡的工作原理是将微机发送到网络的数据组装成适当大小的数据包，然后再发送。

按连接方式分无线网卡、网卡。与普通网卡需要线缆相比，无线网卡移动性强，更加方便。无线网卡缺点是速度慢、受信号覆盖限制以及稳定性不如普通网卡。

7.3.1 网卡的分类

（1）按存在方式可分为集成网卡和独立网卡。在目前主流主板上集成网卡非常常见，给用户带来的是成本低廉、使用方便，并且拥有较高的实用性，能满足日常大部分应用的需求。

（2）按传输速率分 10/100Mbps、10/100/1000Mbps、1000Mbps 乃至 10000Mbps 网卡。

（3）按总线类型分 PCI、PCI-E 和 USB。其中 USB 是外置式网卡。

（4）网线接口类型分 RJ-45 接口和光纤接口。RJ-45 接口可用于连接 RJ-45 接头，适用于由双绞线构建的网络，这种端口是最常见的。光纤接口是用来连接光纤线缆的物理接口，传输速率快，价格昂贵，一般见于千兆以上网卡，如图 7-6 所示。

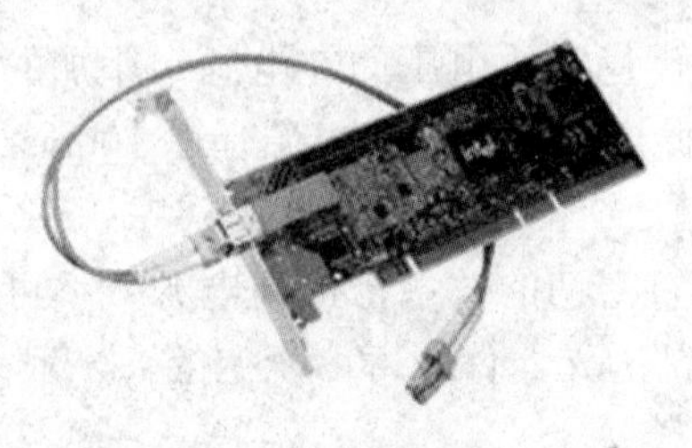

图 7-6 光纤接口网卡

7.3.2　无线网卡分类

（1）按传输速率分450Mbps、300Mbps、150Mbps、108Mbps和54Mbps。速度性能和环境有很大的关系。

（2）按总线接口分USB、PCI、PCI-E、MINI、PCI PCMCIA和 CardBus。其中Mini PCI和PCMCIA接口卡多为笔记本专用，如图7-7所示。

图7-7　无线网卡

7.3.3　网卡选购

1. 品牌

大品牌值得是专业从事网络产品开发制造的厂商，如D-Link、Intel、TP-Link等公司。这些公司产品具有市场保有量大，售后方便的特点。

2. 速度

不论网卡还是无线网卡，速度是最重要的性能指标。目前，千兆网卡应用已经非常广泛，万兆以太网将是未来的主流，根据目前的现状千兆以太网短期内会普及而不会很快淘汰，因此建议用户选择千兆网卡。万兆网卡因为没有普及，还没有万兆自适应网卡，不建议购买。

3. 总线接口

网卡总线接口主要有PCI和PCI-E，建议大家考虑。对于USB接口网卡，优势是在实际应用中非常的灵活、方便，但因为涉及USB口资源，建议大家是视体情况购买。

4. 自适应性

为了适应不同的类型的网络，可以选择 10/100/1000Mbps 自适应网卡，可以保证在各种不同网络中应用。

7.4　无线路由器

无线路由器是带有无线覆盖功能的路由器，它主要应用于用户上网和无线覆盖。无线路由器可以看作一个转发器，将家中墙上接出的宽带网络信号通过天线转发给附近的无线网络设备（笔记本电脑、支持 Wi-Fi 的手机等），实现多设备共享宽带的目的。市场上流行的无线路由器一般都支持专线xdsl、cable、动态xdsl、pptp四种接入方式，它还具有其他一些网络管理的功能，如dhcp服务、nat防火墙、mac地址过滤等功能，如图7-8所示。

图 7-8　无线路由器

7.4.1　无线路由器性能指标

（1）最高传输速率分 1300Mbps、450Mbps、300Mbps、150Mbps 和 54Mbps。家庭用户以 300Mbps、150Mbps 最为集中。

（2）网络接口，一般家用路由器都配备一个 WAN 和至少 4 个 LAN 接口。

（3）WDS 无线桥接。

WDS 全名为 Wireless Distribution System，即无线分布式系统。在家庭应用方面则略有不同，WDS 的功能是充当无线网络的中继器，通过在无线路由器上开启 WDS 功能，让其可以延伸扩展无线信号，从而覆盖更广更大的范围。这样我们就可以用两个无线设备，让其之间建立 WDS 信任和通讯关系，从而将无线网络覆盖范围扩展到原来的一倍以上，大大方便了我们无线上网。

（4）其他特性。

主要包括无线安全和防火墙技术。无线网络安全首要考虑无线信号的加密方式，做到防蹭网。防火墙技术是另一种无线路由器安全技术，通过无线路由器的防火墙过滤，主要有 IP 地址过滤、MAC 地址过滤、端口过滤、域名过滤和网址过滤等，保证用户计算机安全。

7.4.2　无线路由器的配置

1. 配置概述

配置无线路由器之前，必须将PC与无线路由器用网线连接起来，网线的另一端要接到无线路由器的 LAN 口上。物理连接安装完成后，要想配置无线路由器，还必须知道两个参数，一个是无线路由器的用户名和密码；另外一个参数是无线路由器的管理 IP。一般无线路由器默认管理 IP 是 192.168.1.1 或者 192.168.0.1（或其他），用户名和密码都是 admin。具体情况请参考产品说明书。

要想配置无线路由器，必须让 PC 的 IP 地址与无线路由器的管理 IP 在同一网段，一般情况 PC 机网卡 TCP/IP 协议设置为“自动获得 IP 地址”即可。目前，大多数的无线路由器只支持 Web 页面配置方式。

2. 配置方法及内容

打开 PC 浏览器中，输入无线路由器的管理 IP，桌面会弹出一个登录界面，将用户名和密码填写进入之后，就进入了无线路由器的配置界面，如图 7-9 所示。

（1）WAN 配置。

进入无线路由器的配置界面之后，系统会自动弹出一个“设置向导”。在“设置向导”

中，系统只提供了 WAN 口的设置。建议用户不要理会“设置向导”，直接进入“网络参数设置”选项。

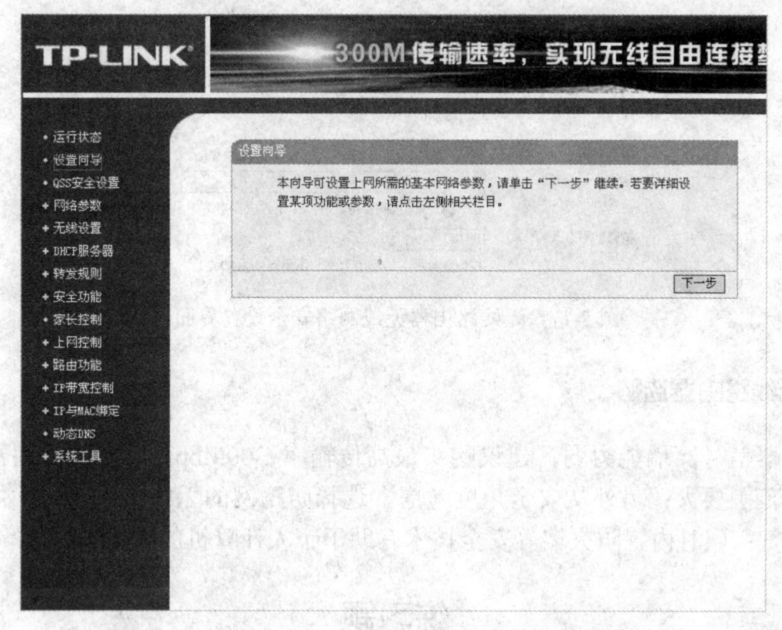

图 7-9　无线路由器配置界面

在无线路由器的网络参数设置中，必须对 LAN 口、WAN 口两个接口进行参数设置。在实际应用中，很多用户只对 WAN 口进行了设置，如图 7-10 所示，LAN 口的设置保持无线路由器的默认状态。

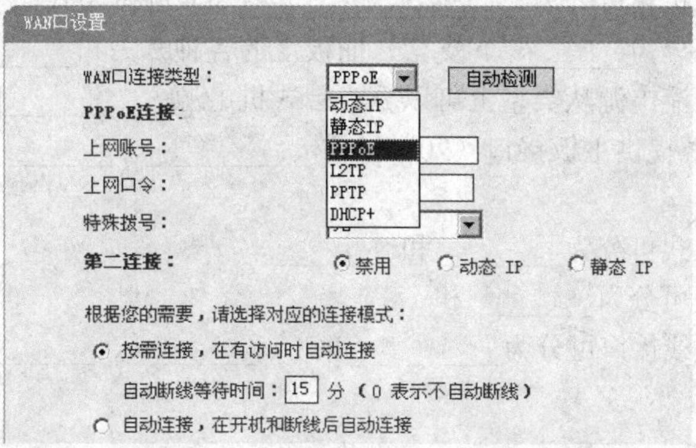

图 7-10　无线路由器 WAN 配置界面

在 WAN 口连接类型中有动态 IP、静态 IP 和 PPPoE 等多种连接类型，家庭宽带 ADSL 一般采用的 PPPoE 方式，通过配置上网账号、口令和自动连接模式，使路由器具备了自动宽带拨号的功能，极大方便用户的使用。

（2）无线网络安全设置。

为了保证无线路由器无线网络的安全，通过无线网络安全设置能够为无线网络加密。一般无线路由器会提供集中不同的加密方法，也会推荐用户使用某一种加密方式，如 TP-Link 路由器推荐使用 WPA-PSK/WPA2-PSK 加密方法，如图 7-11 所示。输入并牢记密码就可以了。

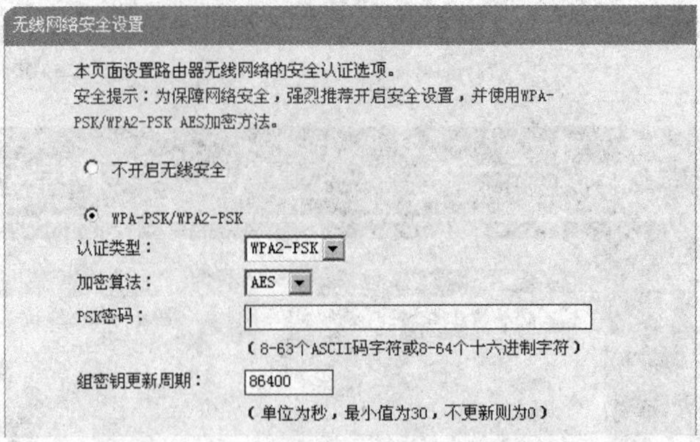

图 7-11 无线路由器无线网络安全设置界面

7.4.3 无线路由器选购

无线路由器信号穿墙能力弱，建议购买最高传输率 300Mbps 以上的路由器；选择多天线，相对覆盖范围要大；另外从安全角度考虑，选择防蹭网的无线路由器，才能保证用户个人独享网络带宽；同时内置防火墙等安全技术有助于个人计算机的安全。

练习题

一、填空题

1．从结构上看，机箱可分为________、________、ITX 和 EATX 型。

2．从样式上看，机箱可分为________、________和立卧两用式。

3．机箱的结构可分为________、支架、面板上的各种开关和________等。

4．目前市场上主流电源从类型上可以分为台式机电源、________和________。

5．通常 ATX 电源提供主板接口（20+4pin）、________、________、硬盘接口（SATA）和________等接口。

6．网卡按存在方式可分为________和________。

7．网线接口类型可分为________和________。

8．无线网卡按总线接口可分为________、PCL、________、________、PCI PCMCIA、和________。

二、简答题

1．简述机箱的选购策略。

2．简述电源的性能指标及选购策略。

3．简述网卡的选购策略。

4．简述无线路由器的设置过程。

第 8 章　组装计算机

通过前几章微型计算机各硬部件的学习，已初步掌握了各硬部件选购策略。在本章学习中，要掌握各硬部件组装的方法，此外掌握其他外围设备的连接。

8.1　组装前的准备

组装计算机需要进行市场调查与采购、工具准备和材料准备。

8.1.1　市场调查与采购

计算机硬件市场变化很快，这种变化表现在产品型号和价格上，所以如果要对计算机配件的认识从书本跳跃到现实，就要到计算机配件市场做一番市场调查。在调查中，把书本中介绍的有关配件的基本原理、技术指标等内容用到对配件的再认识上。并且在向销售商的咨询中，尽可能多地使用一些专业术语，如 CPU 的主频、外频；内存的类型以及频率，如 DDR3 1800MHz、DDR3 1600MHz；主板的南北桥芯片、CPU 支持以及接口技术等。通过市场调查，了解最新的市场商情。在具体模拟构机时，要确定购机的应用范围和预算，然后列一份采购清单，如表 8-1 所示。

表 8-1　微型计算机硬件组成

序号	硬件名称	品牌型号	单价
1	主板		
2	CPU		
3	内存		
4	硬盘		
5	光驱		
6	显示器		
7	机箱及电源		
8	键盘		
9	鼠标		
10	其他设备		

8.1.2　工具准备

一般来说，对硬件的操作要比安装软件更需要有一定的工作经验，它需要安装者有一定的动手能力和操作技巧。即便是最简单的问题，如工具怎样拿着方便，使多大力量合适等。所有这些问题，都只有通过实践才能有所认识。操作技能不容忽视，基本的硬件知识也必不可少。所以在组装一台新的计算机前要做好如下工具准备（见图 8-1）。

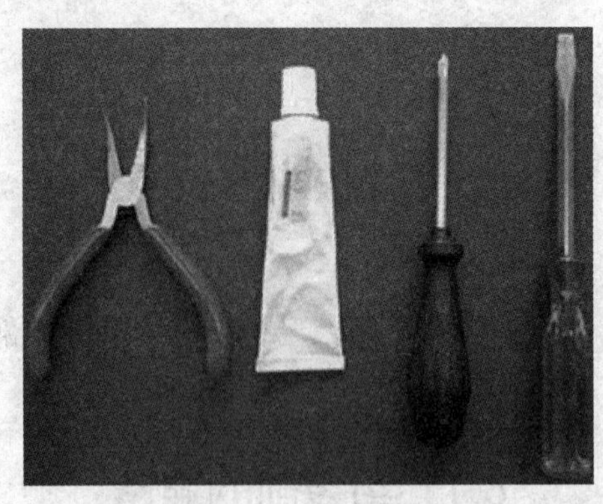

图 8-1 常用组装工具

1. 十字解刀

十字解刀又称螺丝刀、螺丝起子或改锥，用于拆卸和安装螺钉的工具。由于计算机上的螺钉全部都是十字形的，所以你只要准备一把十字螺丝刀就可以了。那么为什么要准备磁性的螺丝刀呢？这是因为计算机器件安装后空隙较小，一旦螺钉掉落在其中想取出来就很麻烦了。另外，磁性螺丝刀还可以吸住螺钉，在安装时非常方便，因此计算机用螺丝刀多数都具有永磁性的。

2. 平口解刀

平口解刀又称一字型解刀。不仅可方便安装，而且可用来拆开产品包装盒、包装封条等。

3. 镊子

还应准备一把大号的医用镊子，它可以用来夹取螺钉、跳线帽及其他的一些小零碎东西。

4. 钳子

钳子在安装电脑时用处不是很大，但对于一些质量较差的机箱来讲，钳子也会派上用场。它可以用来拆断机箱后面的挡板。这些挡板按理应用手来回折几次就会断裂脱落，但如果机箱钢板的材质太硬，那就需要钳子来帮忙了。

建议准备一把尖嘴钳，它可夹可钳，这样还可省掉准备镊子。

5. 散热膏

在安装高频率 CPU 时散热膏（硅脂）必不可少，大家可购买优质散热膏（硅脂）备用。

8.1.3 材料准备

1. 准备好装机所用的配件

CPU、主板、内存、显卡、硬盘、软驱、光驱、机箱电源、键盘鼠标、显示器、各种数据线/电源线等，如图 8-2 所示。

2. 电源排型插座

由于计算机系统不只一个设备需要供电，所以一定要准备万用多孔型插座一个，以方便测试机器时使用。

3. 器皿

计算机在安装和拆卸的过程中有许多螺丝钉及一些小零件需要随时取用，所以应该准备一个小器皿，用来盛装这些东西，以防止丢失。

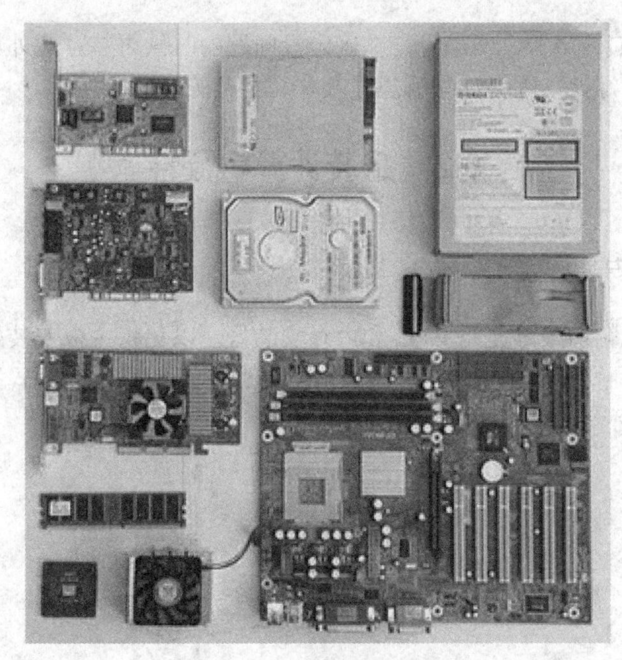

图 8-2　装机所用配件

4. 工作台

为了方便进行安装，应该有一个高度适中的工作台，无论是专用的电脑桌还是普通的桌子，只要能够满足操作需求就可以了。

8.1.4　装机过程中的注意事项

（1）防止静电。由于穿着的衣物会相互摩擦，很容易产生静电，而这些静电则可能将集成电路内部击穿造成设备损坏，这是非常危险的。因此，最好在安装前，用手触摸一下接地的导电体或洗手以释放掉身上携带的静电荷。

（2）防止液体进入计算机内部。在安装计算机元器件时，也要严禁液体进入计算机内部的板卡上。因为这些液体都可能造成短路而使器件损坏，所以要注意不要将喝的饮料或水摆放在机器附近，对于爱出汗的朋友来说，也要避免头上的汗水滴落，还要注意不要让手心的汗沾湿板卡。

（3）使用正常的安装方法，不可粗暴安装。在安装的过程中一定要注意正确的安装方法，对于不懂不会的地方要仔细查阅说明书，不要强行安装，稍微用力不当就可能使引脚折断或变形。对于安装后位置不到位的设备不要强行使用螺丝钉固定，因为这样容易使板卡变形，日后易发生断裂或接触不良的情况。

（4）把所有零件从盒子里拿出来（不过还不要从防静电袋子中拿出来），按照安装顺序排好，看看说明书，有没有特殊的安装需求。准备工作做得越好，接下来的工作就会越轻松。

（5）以主板为中心，把所有东西排好。在主板装进机箱前，先装上处理器与内存；要不然过后会很难装，搞不好还会伤到主板。此外在装 AGP 与 PCI-E 卡时，要确定其安装牢不牢固，固定卡子是不是到位，因为很多时候，固定螺丝时，卡子会跟着翘起来。如果撞到机箱，松脱的卡子会造成运作不正常，甚至损坏。

（6）测试前，建议只装必要的周边——主板、处理器、散热片与风扇、硬盘以及显卡等。其他配件如 DVD、声卡、网卡等，在确定没问题的时候再装。此外第一次安装好后把机箱关上，但不要固定螺丝，因为如果哪里没装好还会开关好几次。

8.2 组装计算机硬件

8.2.1 CPU 的安装

在将主板装进机箱前最好先将 CPU 和内存安装好，以免将主板安装好后机箱内狭窄的空间影响 CPU 等的顺利安装。CPU 接口分为 LGA 触点式和 Socket 针脚式两类，具体安装方法如图 8-3 和图 8-4 所示。

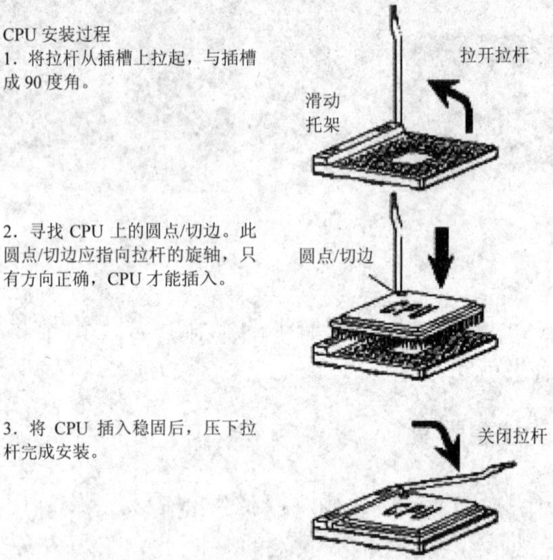
CPU 安装过程
1．将拉杆从插槽上拉起，与插槽成 90 度角。
拉开拉杆
滑动托架
2．寻找 CPU 上的圆点/切边。此圆点/切边应指向拉杆的旋轴，只有方向正确，CPU 才能插入。
圆点/切边
CPU
3．将 CPU 插入稳固后，压下拉杆完成安装。
关闭拉杆
CPU

图 8-3　针脚式 CPU 安装过程

主板上三角型缺口标识
CPU上三角型的缺口标识

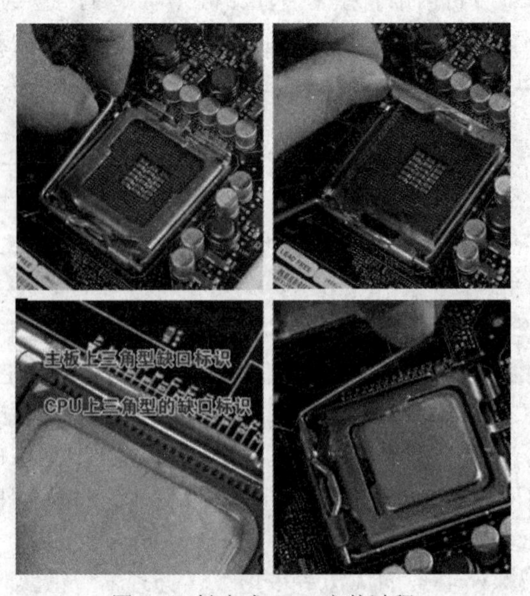

图 8-4　触点式 CPU 安装过程

第一步 稍向外/向上用力拉开 CPU 插座上的锁杆与插座呈 90 度角，以便让 CPU 能够插入（放入）处理器插座。

第二步 然后将 CPU 上针脚有缺针的部位对准插座上的缺口。

第三步 CPU 只能够在方向正确时才能够被插入插座中，然后按下锁杆，安装好后的 CPU 如图 8-5 所示。

图 8-5　安装好后的 CPU

第四步 在 CPU 的核心上均匀涂上足够的散热膏（硅脂）。但要注意不要涂得太多，只要均匀的涂上薄薄一层即可。

在 CPU 上涂散热膏，有助于将废热由处理器传导至散热装置上。没有在处理器上使用导热介质会导致死机甚至烧毁 CPU。

第五步 安装散热器。

散热器是 CPU 的散热装置，在现在 CPU 高频高热量时代，散热器至关重要，主要安装步骤如下：

①将散热器固定在主板上。需要注意的是，由于散热器的固定方式变化多样，要根据实际情况固定散热器，如图 8-6 所示。

②将 CPU 风扇的电源线接到主板上，如图 8-7 所示。

图 8-6　CPU 散热风扇安装

图 8-7　CPU 风扇电源连接

8.2.2　安装内存

现在常用的内存有 DDR2 和 DDR3 内存，外观上内存金手指上都有一个缺口，也就是所说的防呆设计，但是两者不通用。

DDR 内存安装安装步骤如下：

图 8-8 DDR 内存安装

第一步 安装内存前先要将内存插槽两端的白色卡子向两边扳动，将其打开。插入内存条时，内存条的 1 个凹槽必须对准 DIMM 插槽上的 1 个凸点，也叫隔断。

第二步 将内存竖直放入 DIMM 插槽，双手拇指同时竖直向下平均用力，将内存压入插槽。

第三步 按压过程中，DIMM 插槽两边的塑料卡口会自动闭合，起到固定内存条的作用，至此便完成了内存的安装，如图 8-8 所示。

如果主板支持双通道内存，在安装时要注意使用相同颜色的内存插槽。

8.2.3 安装电源

一般情况下，在购买机箱的时侯可以选择已装好的电源。如果担心电源品质太差，或者不能满足特定要求，则需要单独购买电源。

安装电源很简单，先将电源放进机箱上的电源位，并将电源上的螺丝固定孔与机箱上的固定孔对正。然后再先拧上一颗螺钉（固定住电源即可），然后将最后 3 颗螺钉孔对正位置，再拧上剩下的螺钉即可。

需要注意的是：在安装电源时，首先要做的就是将电源放入机箱内，这个过程中要注意电源放入的方向，有些电源有两个风扇，或者有一个排风口，则其中一个风扇或排风口应对着主板，放入后稍稍调整，让电源上的 4 个螺钉和机箱上的固定孔分别对齐，如图 8-9 所示。

图 8-9 电源安装方法

8.2.4　主板的安装

在主板上装好 CPU 和内存后，就可以将它装入机箱中。机箱中那块大的铁板用来固定主板，称之为底板。底板上有很多固定孔用来上铜柱或塑料钉来固定主板，现在的机箱在出厂时一般就已经将固定柱安装好，如图 8-10 所示。

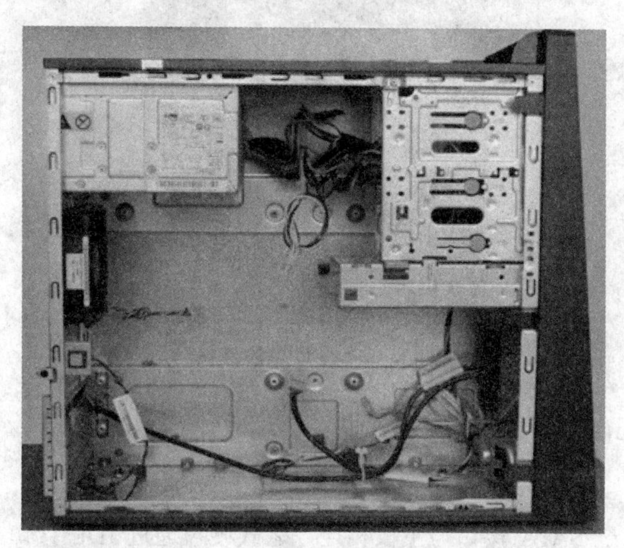

图 8-10　主机机箱

安装主板的步骤如下：

第一步　首先将机箱或主板附带的固定主板用的镙丝柱和塑料钉旋入主板和机箱的对应位置。

第二步　然后再将机箱上的 I/O 接口的密封片撬掉。可根据主板接口情况，将机箱后相应位置的挡板去掉。这些挡板与机箱是直接连接在一起的，需要先用螺丝刀将其顶开，然后用尖嘴钳将其扳下。外加插卡位置的挡板可根据需要决定，而不要将所有的挡板都取下。

第三步　然后将主板对准 I/O 接口放入机箱，如图 8-11 所示。

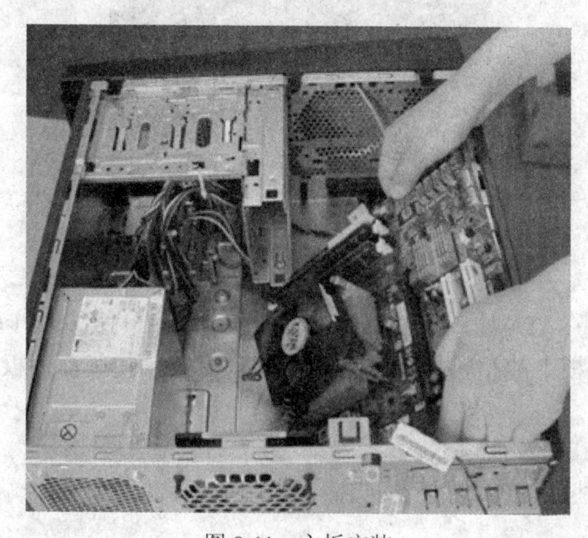

图 8-11　主板安装

第四步 最后，将主板固定孔对准镙丝柱和塑料钉，然后用螺丝将主板固定好。

第五步 将电源插头插入主板上的相应插口中。同时将 CPU 电源接口也正确连接，如图 8-12 所示。

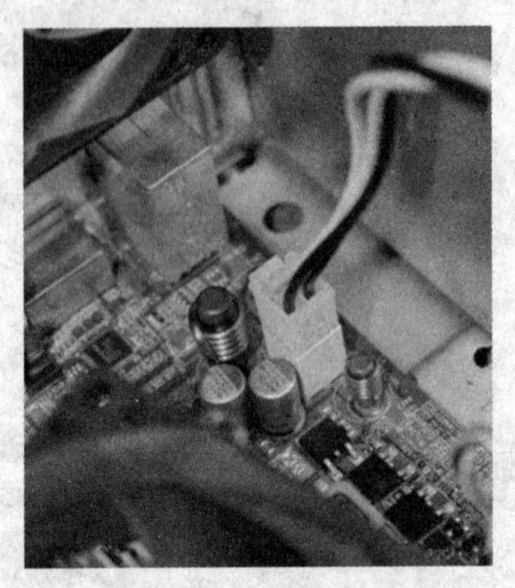

图 8-12 CPU 电源连接

8.2.5 安装外部存储器

1. 安装硬盘

目前主流硬盘通过 SATA 接口与主板相连，老式硬盘通过 IDE 接口与主板相连；然后通过电源线与电源相连。主要步骤有：

① 将硬盘放置在机箱 3.5 英寸驱动器支架上，用螺丝固定。

② 将电源插头插在硬盘接口上。

③ 将 SATA 数据线插头插在硬盘 SATA 接口上，另一端插在主板相应 SATA 接口上，如图 8-13 所示。这里需要说明的是，主板一般会提供 SATA2.0、SATA3.0 两类接口，要注意标示以发挥硬盘的最佳性能。

图 8-13 SATA 硬盘连接线

2. 安装光驱

目前主流光驱通过 SATA 接口和 IDE 接口与主板相连。主要安装步骤有：

① 卸下机箱前面板上的塑料挡板。将光驱卡入支架，使其前面板与机箱前面板对齐，用螺丝固定。

② 将电源插头插在光驱接口上。

③ 将 SATA 数据线或 IDE 数据线插头插在光驱数据接口上，另一端插在主板相应数据接口上，如图 8-14 所示。

图 8-14　SATA 光驱连接线

8.2.6　安装接口卡

目前常用接口卡有显卡、声卡和网卡，主要接口有 PCI-E 16X、PCI-E 和 PCI，分别对应主板上相应的插槽。安装接口卡首先机箱对应 I/O 接口的密封片撬掉。

插装 PCI-E 卡时注意首先按下防呆扣，如图 8-15 所示。将显卡金手指竖直对准主板上的 PCI-E 接口轻轻按下，听到咔哒声后检查金手指是否全部进入 PCI-E 插槽。

图 8-15　PCI-E 插槽防呆扣

PCI 卡安装相对简单，插槽没有防呆扣，但通过插槽凸点防止接口卡安装错误。同样将声卡、网卡等金手指竖直对准主板上的接口轻轻按下即可。

8.2.7　连接机箱接线

在安装主板时，许多人的难点不是将主板放入机箱中，并固定好，而是机箱连接线该怎么用！

机箱连接线的连接，首先要认真阅读主板说明书，不同主板会有细微差异，如图 8-16 所示，一般机箱连接线操作主要包括：

图 8-16　机箱连接线

（1）PC 喇叭连接线，通常是四芯插头，在主板上有标记为 Speaker 或 SPK。作用是连接喇叭，在计算机的开机自检（POST）过程中提示错误报警音。

（2）RESET 连接线，连着机箱的 RESET 键，在主板上有标记为 RESET SW 或 RST。主板上 RESET 针的作用是这样的：当它们短路时，电脑就重新启动。RESET 键是一个开关，按下它时产生短路，手松开时又恢复开路，瞬间的短路就使电脑重新启动。

（3）电源连接线，连接 ATX 结构的机箱上电源开关，是个两芯的插头，主板上标记为 POWER SW 或 PSW。它和 RESET 的接头一样，按下时短路，松开时开路，按一下，微机的总电源就被接通了，再按一下就关闭。可以在 BIOS 里设置为开机时必须按电源开关四秒钟以上才会关机。

（4）电源指示灯连接线，通常为三芯插头，在主板上标记为 POWER，LED。当它连接好后，微机工作时，电源灯就一直亮着，指示电源已经打开了。

（5）硬盘指示灯连接线，为两芯接头，主板通常标记为 HDD LED。这条线接好后，当电脑在读写硬盘时，机箱上的硬盘的灯会亮。

（6）其他连接线，机箱前面板如果有 USB 接口、音频接口的还需要连接 USB 连接线和音频接口连接线。

8.2.8 整理机箱内部线缆

组装主机后，主机内部连接线可能杂乱无序，对于微机的散热以及日后的维护带来不利影响。解决办法主要有选购具有理线功能的机箱，其次在组装后，使用线卡或橡皮筋将零乱的线缆捆在一起，如图 8-17 所示。

图 8-17 具有背部理线功能机箱的正、反面

8.3 连接外部设备

微机的外部设备主要包括显示器、键盘、鼠标和音箱，各外部设备连接也通过防呆设计、颜色标记等帮助正确连接。

8.3.1 连接显示器

连接显示器主要包括电源线连接和数据线连接。

（1）电源线的一端应插在显示器尾部的电源插孔上，另一端应插在电源插座上。有的显示器电源线为一凹形 3 针插头，一般插在主机后侧电源的 3 孔插座中（小电源一般没有配置该插座）。

（2）数据线主要为 VGA 的梯形 15 针插头，一端插在显示卡的梯形 15 孔插座上，另一端插在显示器对应插口上，如图 8-18 所示。

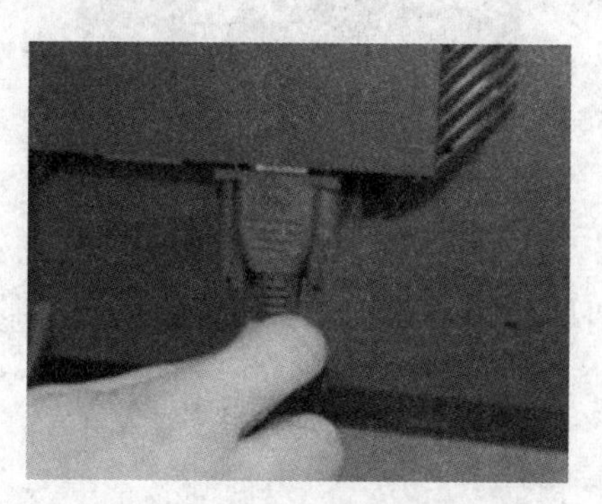

图 8-18 显示器背部数据线连接

8.3.2 连接键盘鼠标

键盘鼠标的线缆插头主要有 PS/2 口和 USB 口，分别连接主机背面的对应 PS/2 口和 USB 口上，如图 8-19 所示。

通常键盘鼠标的 PS/2 口是有区别的，不能混插，在接口旁会有明确标示。目前新型主板将两种接口合二为一，使得键盘鼠标可以通用该接口。

图 8-19 键盘鼠标通用 PS/2 接口及 USB 接口

USB 接口的键盘鼠标连接同样采用了防呆设计，通过接口内部的凸起防止插错。

8.3.3 连接音箱

音箱分为无源音箱和有源音箱，无源音箱需要将音频插头连接到声卡 Speaker out 接口上，需要注意的是不是每一块声卡都有该接口；无源音箱需要将音频插头连接到 Line out 接口上。

8.3.4 连接其他外部线缆

外部线缆主要包括主机电源线、网线和打印机线缆。主机电源线类似显示器电源线，一端应插在机箱电源的电源插孔上，另一端应插在电源插座上，如图 8-20 所示。

图 8-20 主机电源线连接

网线主要为 RJ-45 插头，打印机线缆目前主要是 USB 接口，都运用了防呆设计，连接方便。

练习题

一、填空题

1. 主流硬盘和光驱的数据接口为________和________。
2. 组装计算机常用工具有________、________、________等。
3. 连接硬件应该特别注意硬件的________设计，防止因插错而烧毁硬件。
4. 机箱面板连接线中电源指示灯标示符号为________。

二、判断题

1. 组装微机之前，必须释放身上的静电。 （ ）
2. 背部理线功能有助于主机散热。 （ ）
3. SATA 采用了点对点的连接方式，每个接口只能连接一块硬盘，不用手动设置 SATA 主从硬盘，通过接口编号分出主次。 （ ）
4. DDR2 和 DDR3 内存可以互相换用接口。 （ ）

三、简答题

1. 装机的一般步骤是什么？
2. 装机前准备工作有哪些？
3. 防呆设计在装机中的重要作用有哪些？

第 9 章　BIOS 设置与硬盘初始化

BIOS（Basic Input Output System），直译过来后中文名称就是“基本输入输出系统”。其实，它是一组固化到计算机内主板上一个 ROM 芯片上的程序，它保存着计算机最重要的基本输入输出的程序、系统设置信息、开机后自检程序和系统自启动程序。其主要功能是为计算机提供最底层的、最直接的硬件设置和控制。

9.1　BIOS 概述

9.1.1　BIOS 组成及作用

BIOS 在计算机系统中起着非常重要的作用。一块主板性能优越与否，很大程度上取决于主板上的 BIOS 管理功能是否先进。BIOS 主要组成部分及作用如下。

（1）自诊断程序。通过读取 CMOS RAM 中的内容识别硬件配置，并对其进行自检和初始化。

（2）CMOS 设置程序。引导过程中，用特殊热键启动，进行设置后，存入 CMOS RAM 中。

（3）系统自举装载程序。在自检成功后将磁盘相对 0 道 0 扇区上的引导程序装入内存，使其运行以装入操作系统；

（4）主要 I/O 设备的驱动程序和中断服务。由于 BIOS 直接和系统硬件资源打交道，因此总是针对某一类型的硬件系统，而各种硬件系统又各有不同，所以存在各种不同种类的 BIOS，随着硬件技术的发展，同一种 BIOS 也先后出现了不同的版本，新版本的 BIOS 比起老版本来说，功能更强。

9.1.2　BIOS 类别

目前市面上较流行的主板 BIOS 主要有 AWARD BIOS、AMI BIOS、Phoenix BIOS 三种类型，此外还有台湾出的 Insyde BIOS。

1. AWARD

AWARD BIOS 是由 AWARD Software 公司开发的 BIOS 产品，在目前的主板中使用最为广泛。AWARD BIOS 功能较为齐全，支持许多新硬件，目前市面上多数主机板都采用了这种 BIOS。

2. AMI

AMI BIOS 是 AMI 公司（American Megatrends Incorporated）出品的 BIOS 系统软件，开发于 20 世纪 80 年代中期，早期的 286、386 大多采用 AMI BIOS，它对各种软、硬件的适应性好，能保证系统性能的稳定，到 20 世纪 90 年代后，绿色节能电脑开始普及，AMI 却没能及时推出新版本来适应市场，使得 AWARD BIOS 占领了大半壁江山。当然现在的 AMI 也有非常不错的表现，新推出的版本依然功能强劲。

3. Phoenix

Phoenix BIOS 是 Phoenix 公司产品，Phoenix 意为凤凰或埃及神话中的长生鸟，有完美之物的含义。Phoenix BIOS 多用于高档的原装品牌机和笔记本电脑上，其画面简洁，便于操作。

4. Insyde

Insyde BIOS 是台湾的一家软件厂商的产品，是一种新兴的 BIOS 类型，被某些基于英特尔芯片的笔记本电脑采用，如神舟、联想。

9.1.3 BIOS 功能

从功能上看，BIOS 分为三个方面：

1. 自检及初始化

这部分负责启动微机，具体有三个部分：

第一个部分是用于微机刚接通电源时对硬件部分的检测，也叫做加电自检（Power On Self Test，POST），功能是检查电脑是否良好，通常完整的 POST 自检将包括对 CPU、640K 基本内存、1M 以上的扩展内存、ROM、主板、CMOS 存储器、串并口、显示卡、软硬盘子系统及键盘进行测试，一旦在自检中发现问题，系统将给出提示信息或鸣笛警告。自检中如发现有错误，将按两种情况处理：对于严重故障（致命性故障）则停机，此时由于各种初始化操作还没完成，不能给出任何提示或信号；对于非严重故障则给出提示或声音报警信号，等待用户处理。

第二个部分是初始化，包括创建中断向量、设置寄存器、对一些外部设备进行初始化和检测等，其中很重要的一部分是 BIOS 设置，主要是对硬件设置的一些参数，当电脑启动时会读取这些参数，并和实际硬件设置进行比较，如果不符合，会影响系统的启动。

第三个部分是引导程序，功能是引导 DOS 或其他操作系统。BIOS 先从软盘或硬盘的开始扇区读取引导记录，如果没有找到，则会在显示器上显示没有引导设备，如果找到引导记录会把电脑的控制权转给引导记录，由引导记录把操作系统装入电脑，在电脑启动成功后，BIOS 的这部分任务就完成了。

2. 程序服务处理

程序服务处理程序主要是为应用程序和操作系统服务，这些服务主要与输入输出设备有关，例如读磁盘、文件输出到打印机等。为了完成这些操作，BIOS 必须直接与计算机的 I/O 设备打交道，它通过端口发出命令，向各种外部设备传送数据以及从它们那里接收数据，使程序能够脱离具体的硬件操作。

3. 硬件中断处理

硬件中断处理则分别处理 PC 机硬件的需求，BIOS 的服务功能是通过调用中断服务程序来实现的，这些服务分为很多组，每组有一个专门的中断。例如视频服务，中断号为 10H；屏幕打印，中断号为 05H；磁盘及串行口服务，中断 14H 等。每一组又根据具体功能细分为不同的服务号。应用程序需要使用哪些外设、进行什么操作只需要在程序中用相应的指令说明即可，无需直接控制。

其中程序服务处理和硬件中断处理两部分功能虽然是两个独立的内容，但在使用上密切相关。这两部分分别为软件和硬件服务，组合到一起，使计算机系统正常运行。

9.1.4　BIOS 升级

现在的 BIOS 芯片都采用了 Flash ROM，都能通过特定的写入程序实现 BIOS 的升级，升级 BIOS 主要有两大目的。

（1）免费获得新功能。

升级 BIOS 最直接的好处就是不用花钱就能获得许多新功能，比如能支持新频率和新类型的 CPU；突破容量限制，能直接使用大容量硬盘；获得新的启动方式；开启以前被屏蔽的功能，例如英特尔的超线程技术，VIA 的内存交错技术等；识别其他新硬件等。

（2）修正已知 BUG。

BIOS 既然也是程序，就必然存在着 BUG，而且现在硬件技术发展日新月异，随着市场竞争的加剧，主板厂商推出产品的周期也越来越短，在 BIOS 编写上必然也有不尽如意的地方，而这些 BUG 常会导致莫名其妙的故障，例如无故重启，经常死机，系统效能低下，设备冲突，硬件设备无故“丢失”等。在用户反馈以及厂商自己发现以后，负责任的厂商都会及时推出新版的 BIOS 以修正这些已知的 BUG，从而解决那些莫名其妙的故障。

需要特别注意的是：BIOS 升级是具有一定的危险性，误刷或刷新不成功，会造成主板不能工作，必须通过专业人员才能恢复，给用户使用带来不必要的麻烦，因此一般用户不建议进行 BIOS 升级。

当然，各主板厂商针对自己的产品和用户的实际需求，也开发了许多 BIOS 特色技术。例如 BIOS 刷新方面的有著名的技嘉的@BIOS Writer，支持技嘉主板在线自动查找新版 BIOS 并自动下载和刷新 BIOS，免除了用户人工查找新版 BIOS 的麻烦，也避免了用户误刷不同型号主板 BIOS 的危险，而且技嘉@BIOS 还支持许多非技嘉主板在 Windows 下备份和刷新 BIOS；其他相类似的 BIOS 特色技术还有华硕的 Live Update，升技的 Abit Flash Menu，QDI 的 Update Easy，微星的 Live Update 3 等，微星的 Live Update 3 除了主板 BIOS，对微星出品的显卡 BIOS 以及光存储设备的 Firmware 也能自动在线刷新，是一款功能非常强大的微星产品专用工具。此外，英特尔原装主板的 Express BIOS Update 技术也支持在 Windows 下刷新 BIOS，而且此技术是 BIOS 文件与刷新程序合一的可执行程序，非常适合初学者使用。在预防 BIOS 被破坏以及刷新失败方面有技嘉的双 BIOS 技术，QDI 的金刚锁技术，英特尔原装主板的 Recovery BIOS 技术等。以上技术方便了用户的使用和操作，一定程度上保证了 BIOS 升级的可靠性。

9.1.5　BIOS 设置和 CMOS 设置区别与联系

由于 CMOS 与 BIOS 都跟电脑系统设置密切相关，所以才有 CMOS 设置和 BIOS 设置的说法。也正因此，初学者常将二者混淆。CMOS 是电脑主机板上一块特殊的 RAM 芯片，是系统参数存放的地方，而 BIOS 中系统设置程序是完成参数设置的手段。因此，准确的说法应是通过 BIOS 设置程序对 CMOS 参数进行设置。而平常所说的 CMOS 设置和 BIOS 设置是其简化说法，也就在一定程度上造成了两个概念的混淆。

事实上，BIOS 程序是储存在主板上一块 EEPROM Flash 芯片中的，CMOS 存储器是用来存储 BIOS 设定后的要保存数据的，包括一些系统的硬件配置和用户对某些参数的设定，比如传统 BIOS 的系统密码和设备启动顺序等。

9.2 BIOS 设置

BIOS 的设置是否合理，会直接影响系统的总体性能。那么什么时候需要设置 BIOS 呢？通常在以下几种情况下设置。

（1）第一次开机使用时。可以调节硬件的参数，如时间、启动顺序、CPU 的频率等。

（2）新增加硬件或删除硬件时。

（3）BIOS 数据丢失后。微机使用时间过长，主板上的电池失效，误操作清空了 BIOS 内容时，也需要对 BIOS 重新进行设置。

9.2.1 BIOS 设置程序的进入方法

BIOS 设置程序进入方法一般是在计算机启动时按 F2 键或者 Delete 键进入 BIOS 设置，一些特殊机型按 F1、Esc、F12 等。一般情况下，在微机开机的时候，屏幕上会有明显提示，告诉用户进入 BIOS 进行设置的方法，此时只要按下对应的键盘按键就可以正确进入 BIOS。如表 9-1 所示为不同品牌 BIOS 进入的热键。

表 9-1 不同品牌 BIOS 进入热键

BIOS 型号	进入 CMOS SETUP 的按键	屏幕是否提示
AMI	Del 键或 Esc 键	有
AWARD	Del 键或 Ctrl 键+Alt 键+Esc 键	有
Phoenix	Ctrl 键+Alt 键+S 键	无
Hp	F2 键	有
COMPAQ	屏幕右上角出现光标时按 F10 键	无
MR	Esc 键或 Ctrl 键+Alt 键+Esc 键	无
Quadtel	F2 键	有
AST	Ctrl 键+Alt 键+Esc 键	无

9.2.2 AWARD BIOS 主要设置

由于不同品牌 BIOS 设置界面及操作大同小异，下面以主流的 AWARD BIOS 为例，列举 BIOS 设置操作。

开机或重启微型计算机后，在屏幕显示 Waiting……时，按下 Del 键（或根据屏幕提示），就进入 BIOS CMOS 设置程序的界面了，如图 9-1 所示。

显示的第一个画面是 BIOS 设置主菜单，如图 9-2 所示。该主菜单提供几个不同的设置功能可用选项与两个退出程序可用选项，通过使用键盘的方向键选择不同的菜单项目，并按 Enter 键进入各功能可用选项功能的次级菜单中，按 Esc 键可以返回父菜单。需要注意，在屏幕下方有进行 BIOS 操作的说明，包括 Esc、F10 和四个方向键的功能；当移动到每个功能可用选项时，该项的文字会变亮，在屏幕下方亦会出现简单的说明文字，介绍该项的作用。如图 9-1 所示，目前处于 Standard CMOS Features（标准 CMOS 设置）的功能选择上，用户可以按 Enter 键进入该功能选项。

图 9-2 是 AWARD BIOS 设置的主菜单。最顶一行标出了 Setup 程序的类型是 Award Software。项目前面有三角形箭头的表示该项包含子菜单。主菜单上共有 13 个项目，分别为：

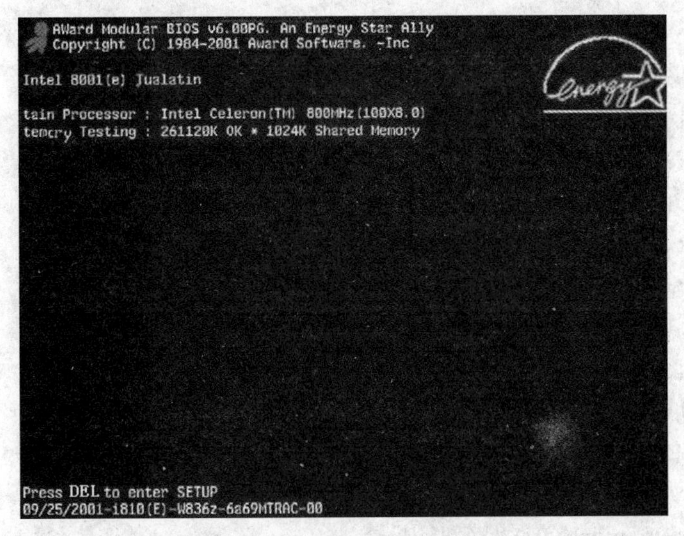

图 9-1　AWARD BIOS 启动界面

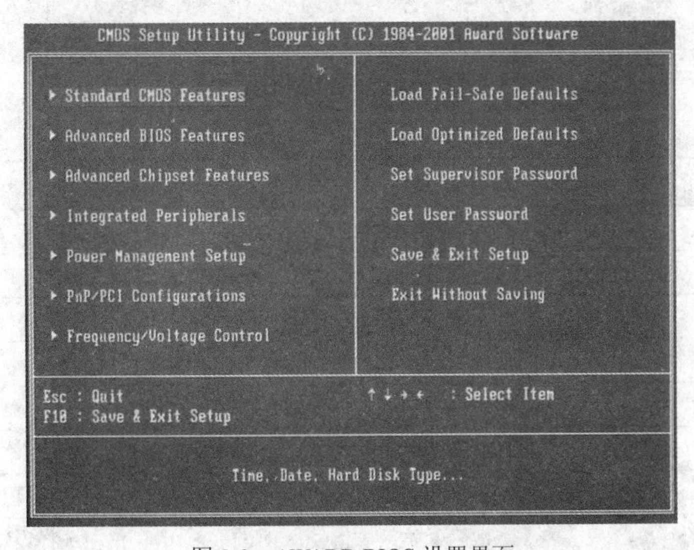

图 9-2　AWARD BIOS 设置界面

- Standard CMOS Features（标准 CMOS 功能设定）

设定日期、时间、软硬盘规格及显示器种类。

- Advanced BIOS Features（高级 BIOS 功能设定）

对系统的高级特性进行设定。

- Advanced Chipset Features（高级芯片组功能设定）

设定主板所用芯片组的相关参数。

- Integrated Peripherals（外部设备设定）

使设定菜单包括所有外围设备的设定。如声卡、Modem、USB 键盘是否打开。

- Power Management Setup（电源管理设定）

设定 CPU、硬盘、显示器等设备的节电功能运行方式。

- PNP/PCI Configurations（即插即用/PCI 参数设定）

设定 ISA 的 PnP 即插即用介面及 PCI 介面的参数，此项仅在您系统支持 PnP/PCI 时才有效。

- Frequency/Voltage Control（频率/电压控制）

设定 CPU 的倍频，设定是否自动侦测 CPU 频率等。

- Load Fail-Safe Defaults（载入最安全的缺省值）

使用此菜单载入工厂默认值作为稳定的系统使用。

- Load Optimized Defaults（载入高性能缺省值）

使用此菜单载入最好的性能但有可能影响稳定的默认值。

- Set Supervisor Password（设置超级用户密码）

使用此菜单可以设置超级用户的密码。

- Set User Password（设置用户密码）

使用此菜单可以设置用户密码。

- Save & Exit Setup（保存后退出）

保存对 CMOS 的修改，然后退出 Setup 程序。

- Exit Without Saving（不保存退出）

放弃对 CMOS 的修改，然后退出 Setup 程序。

9.2.3 AWARD BIOS 设置的操作方法

表 9-2 AWARD BIOS 设置的操作功能键

操作键	功能
按方向键↑、↓、←、→	移动到需要操作的项目上
按 Enter 键	选定此选项
按 Esc 键	从子菜单回到上一级菜单或者跳到退出菜单
按+或 PU 键	增加数值或改变选择项
按-或 PD 键	减少数值或改变选择项
按 F1 键	主题帮助，仅在状态显示菜单和选择设定菜单有效
按 F5 键	从 CMOS 中恢复前次的 CMOS 设定值，仅在选择设定菜单有效
按 F6 键	从故障保护缺省值表加载 CMOS 值，仅在选择设定菜单有效
按 F7 键	加载优化缺省值
按 10 键	保存改变后的 CMOS 设定值并退出

操作方法：在主菜单上用方向键选择要操作的项目，然后按 Enter 键进入该项子菜单，在子菜单中用方向键选择要操作的项目，然后按 Enter 键进入该子项后用方向键选择，完成后按回车键确认，最后按 F10 键保存改变后的 CMOS 设定值并退出（或按 Esc 键退回上一级菜单），退回主菜单后选 Save & Exit Setup 后回车，在弹出的确认窗口中输入 Y 然后回车，即保存对 BIOS 的修改并退出 Setup 程序。

9.2.4 AWARD BIOS 设置的内容

1．Standard CMOS Features（标准 CMOS 功能设定）项子菜单

在主菜单中用方向键选择 Standard CMOS Features 项然后回车，即进入了 Standard CMOS Features 项子菜单，如图 9-3 所示界面。

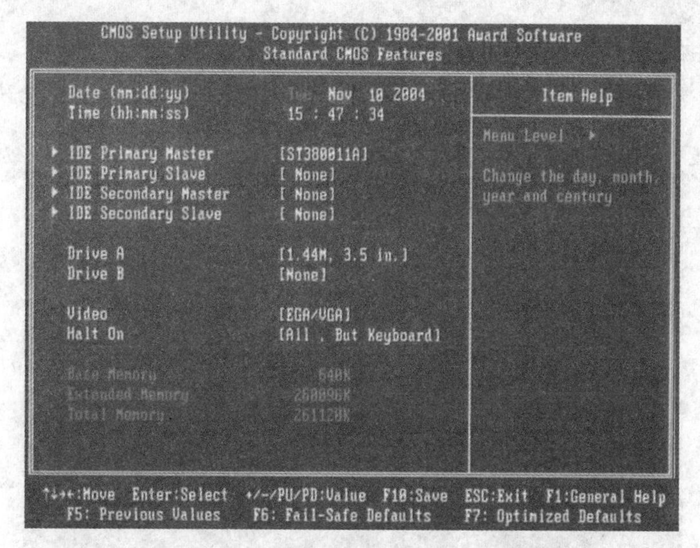

图 9-3　Standard CMOS Features 设置界面

Standard CMOS Features 项子菜单中共有 13 子项，分别为：

Date(mm:dd:yy)（日期设定）：设定微机中的日期，格式为“星期，月/日/年”。星期由 BIOS 定义，只读。

Time（hh:mm:ss）（时间设定）：设定电脑中的时间，格式为“时/分/秒”。

IDE Primary Master（第一主 IDE 控制器）：设定主硬盘型号。按 PgUp 或 PgDn 键选择硬盘类型：Press Enter、Auto 或 None。如果光标移动到 Press Enter 项回车后会出现一个子菜单，显示当前硬盘信息；Auto 是自动设定；None 是设定为没有连接设备。

IDE Primary Slave （第一从 IDE 控制器）：设定从硬盘型号。设置方法参考上一设备。

IDE Secondary Master（第二主 IDE 控制器）：设定主光驱型号。设置方法参考上一设备。

IDE Secondary Slave （第二从 IDE 控制器）：设定从光驱型号。设置方法参考上一设备。

Drive A（软盘驱动器 A）：设定主软盘驱动器类型。可选项有：None、360K、5.25in、1.2M、5.25 in、720K、3.5 in、1.44M、3.5 in、2.88M、3.5 in。None 是设定为没有连接设备。1.44M，3.5 in 是容量为 1.44M 的 3.5 英寸软盘（多为这规格）。

Drive B（软盘驱动器 B）：设定从软盘驱动器类型。

Video（设定电脑的显示模式）：设定系统主显示器的视频转接卡类型。可选项：EGA/VGA、CGA40/80 和 MONO。EGA/VGA 是加强型显示模式，EGA/VGA/SVGA/PGA 彩色显示器均选此项；CGA40/80 是行显示模式；MONO 是黑白单色模式。

Halt On （停止引导设定）：设定系统引导过程中遇到错误时，系统是否停止引导。可选项有：All Errors 侦测到任何错误，系统停止运行，等候处理，此项为缺省值；No Errors 侦测到任何错误，系统不会停止运行；All，But Keyboard 除键盘错误以外侦测到任何错误，系统停止运行；All，But Diskette 除磁盘错误以外侦测到任何错误，系统停止运行；All，But Disk/Key 除磁盘和键盘错误以外侦测到任何错误，系统停止运行。

Base Memory（基本内存容量）：此项是用来显示基本内存容量（只读）。PC 一般会保留 640KB 容量作为 MS-DOS 操作系统的内存使用容量。

Extended Memory（扩展内存）：此项是用来显示扩展内存容量（只读）。

Total Memory（总内存）：此项是用来显示总内存容量（只读）。

2. Advanced BIOS Features（高级 BIOS 功能设定）项子菜单

在主菜单中用方向键选择 Advanced BIOS Features 项然后回车，即进入了 Advanced BIOS Features 项子菜单，如下图 9-4 所示界面。

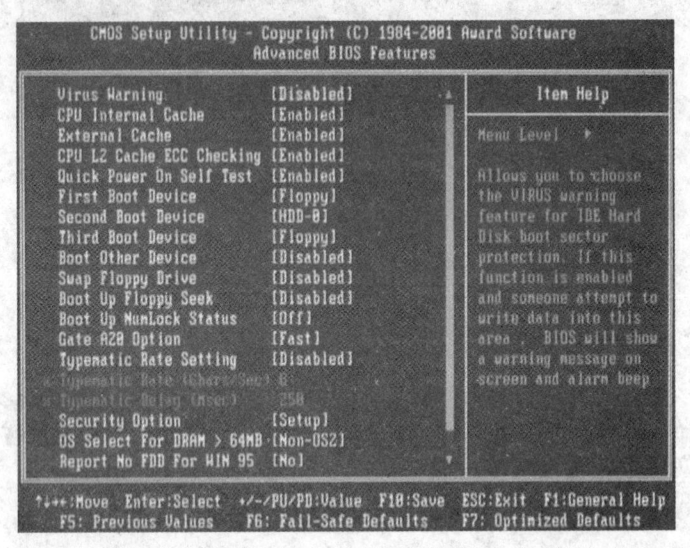

图 9-4 Advanced CMOS Features 设置界面

Advanced BIOS Features 项子菜单中共有 20 子项，分别为：

Virus Warning （病毒报警）：在系统启动时或启动后，如果有程序企图修改系统引导扇区或硬盘分区表，BIOS 会在屏幕上显示警告信息，并发出蜂鸣报警声，使系统暂停。设定值有：Disabled（禁用）和 Enabled（开启）。

CPU Internal Cache （CPU 内置高速缓存设定）：设置是否打开 CPU 内置高速缓存。默认设为打开。设定值有：Disabled（禁用）和 Enabled（开启）。

External Cache （外部高速缓存设定）：设置是否打开外部高速缓存。默认设为打开。设定值有：Disabled（禁用）和 Enabled （开启）。

CPU L2 Cache ECC Checking（CPU 二级高速缓存奇偶校验）：设置是否打开 CPU 二级高速缓存奇偶校验。默认设为打开。设定值有：Disabled（禁用）和 Enabled（开启）。

Quick Power On Self Test （快速检测）：设定 BIOS 是否采用快速 POST 方式，也就是简化测试的方式与次数，让 POST 过程所需时间缩短。无论设成 Enabled 或 Disabled，当 POST 进行时，仍可按 Esc 键跳过测试，直接进入引导程序。默认设为禁用。设定值有：Disabled（禁用）和 Enabled （开启）。

First Boot Device （设置第一启动盘）：设定 BIOS 第一个搜索载入操作系统的引导设备。默认设为 Floppy（软盘驱动器），安装系统正常使用后建议设为（HDD-0）。设定值有：Floppy 系统首先尝试从软盘驱动器引导；LS120 系统首先尝试从 LS120 引导；HDD-0 系统首先尝试从第一硬盘引导；SCSI 系统首先尝试从 SCSI 引导；CDROM 系统首先尝试从 CD-ROM 驱动器引导；HDD-1 系统首先尝试从第二硬盘引导；HDD-2 系统首先尝试从第三硬盘引导；HDD-3 系统首先尝试从第四硬盘引导；ZIP 系统首先尝试从 ATAPI ZIP 引导；LAN 系统首先尝试从网络引导；Disabled 禁用此次序。目前主流 BIOS 都设定了 USB-ZIP、USB-HDD、USB-CDROM 等 USB 设备引导系统。

Second Boot Device（设置第二启动盘）：设定 BIOS 在第一启动盘引导失败后，第二个搜索载入操作系统的引导设备。设置方法参考上一项。

Third Boot Device （设置第三启动盘）：设定 BIOS 在第二启动盘引导失败后，第三个搜索载入操作系统的引导设备。设置方法参考上一项。

Boot Other Device（其他设备引导）：将此项设置为 Enabled，允许系统在从第一/第二/第三设备引导失败后，尝试从其他设备引导。设定值有：Disabled（禁用）和 Enabled（开启）。

Swap Floppy Drive（交换软驱盘符）：将此项设置为 Enabled 时，可交换软驱 A:和 B:的盘符。

Boot Up Floppy Seek（开机时检测软驱）：将此项设置为 Enabled 时，在系统引导前，BIOS 会检测软驱 A:。根据所安装的启动装置的不同，在"First/Second/Third Boot Device" 选项中所出现的可选设备有相应的不同。例如：如果您的系统没有安装软驱，在启动顺序菜单中就不会出现软驱的设置。设定值有 Disabled（禁用）和 Enabled（开启）。

Boot Up NumLock Status（初始数字小键盘的锁定状态）：此项是用来设定系统启动后，键盘右边小键盘是数字还是方向状态。当设定为 On 时，系统启动后将打开 Num Lock，小键盘数字键有效。当设定为 Off 时，系统启动后 Num Lock 关闭，小键盘方向键有效。设定值为：On，Off。

Security Option（安全选项）：此项指定了使用的 BIOS 密码的保护类型。设置值为 System 时无论是开机还是进入 CMOS SETUP 都要输入密码；设置值为 Setup 时无论只有在进入 CMOS SETUP 时才要求输入密码。

此外还有 Gate A20 Option（Gate A20 的选择）、Typematic Rate Setting（键入速率设定）、Typematic Rate （Chars/Sec）（字元输入速率，字元/秒）、Typematic Delay（Msec）（字元输入延迟，毫秒）等选项。

3. Advanced Chipset Features（高级芯片组功能设定）项子菜单

在主菜单中用方向键选择 Advanced Chipset Features 项然后回车，即进入了 Advanced Chipset Features 项子菜单，如下图 9-5 所示界面。

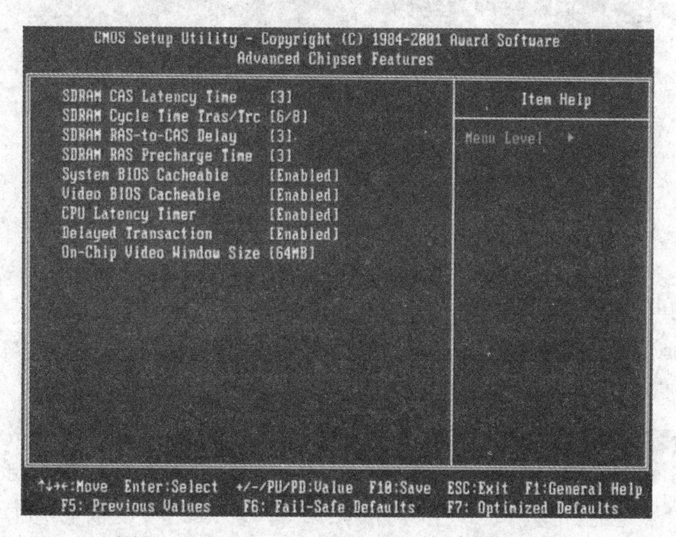

图 9-5　Advanced Chipset Features 设置界面

Advanced BIOS Features 项子菜单中共有 9 子项，具体为：SDRAM CAS Latency Time

（CAS 延时周期）、SDRAM Cycle Time Tras/trc（每个存取时间周期用 SDRAM 时钟）、SDRAM RAS-to-CAS Delay（从 CAS 脉冲信号到 RAS 脉冲信号之间延迟的时钟周期数设置）和 SDRAM RAS Precharge Time（RAS 预充电）等选项建议大家采用系统默认设置即可。

System BIOS Cacheable（系统 BIOS 缓存）：把 BIOS 映射到内存中加速读取，可以提高性能，默认都是开着的，不建议关闭。

Video BIOS Cacheable（视频 BIOS 缓存）：把显卡上的 BIOS 映射到内存中，提高显示速度，默认都是开着的，不建议关闭。

CPU Lateny Time（CPU 延时时间设定）：此项此项控制了 CPU 在接受了命令后是否延时执行。

Delayed Transaction（延迟传输）：芯片组内置了一个 32-bit 写缓存，可支持延迟处理时钟周期，所以在 ISA 总线的数据交换可以被缓存，而 PCI 总线可以在 ISA 总线数据处理的同时进行其他的数据处理。若设置为 Enabled 可兼容 PCI 2.1 规格。设定值有：Enabled，Disabled。

On-Chip Vido Windows Size（显存容量）：显卡缓存增大可改善画面质量，但同时可以减少可用物理内存为化价。

4. Integrated Peripherals（外部设备设定）子菜单

在主菜单中用方向键选择 Integrated Peripherals 项然后回车，即进入了 Integrated Peripherals 项子菜单，如下图 9-6 所示设置界面。

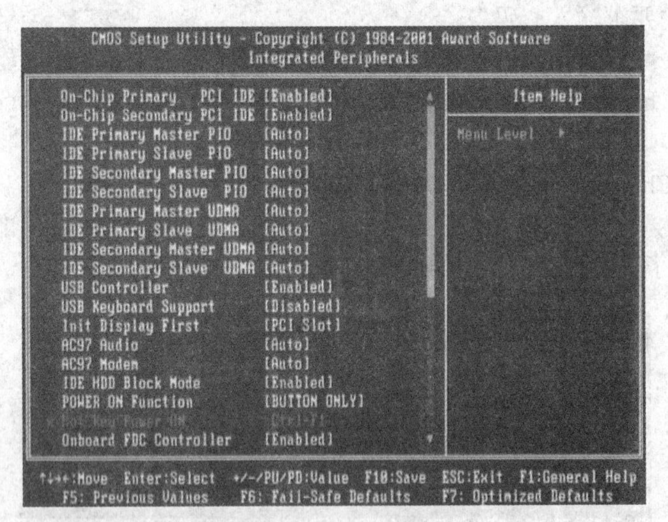

图 9-6 Integrated Peripherals 设置界面

Integrated Peripherals 项子菜单中共有 27 子项，常用设置选项包括：

USB Controller（USB 控制器设置）：此项用来控制板载 USB 控制器。设定值有：Enabled，Disabled。

USB Keyboard Support（USB 键盘控制支持）：如果在不支持 USB 或没有 USB 驱动的操作系统下使用 USB 键盘，如 DOS 和 SCO Unix，需要将此项设定为 Enabled。

AC97 Audio（设置是否使用芯片组内置 AC97 音效）：此项设置值适用于使用的是自带的 AC97 音效。如果需要使用其他声卡，您需要将此项值设为 Disabled。设定值有 Disabled（禁用）和 Enabled（开启）。

POWER ON Function（设置开机方式）：当这项设为 Keyboard（键盘）时，下一项 KB Power ON Password 会被激活，当这项设为 Hodkey（热键）时，下一项 Hot Key Power ON 会被激活。你可以选择以下方式开机：BUTTON Only（仅使用开机按钮）、Mouse Left（鼠标左键）、Mouse Right（鼠标右键）、PassWord（密码）、Hodkey（热键）和 Keyboard（键盘）。

KB Power ON Password（设置键盘开机）：当上项 POWER ON Function 设为 Keyboard（键盘）时，这项才会被激活。缺省值为：Enter。

Hot Key Power ON（设置热键启动）：当上项 POWER ON Function 设为 Hodkey（热键）时，这项才会被激活。缺省值为：Ctrl-F1。

5. Power Management Setup（电源管理设定）项子菜单

在主菜单中用方向键选择 Power Management Setup 项然后回车，即进入了 Advanced Chipset Features 项子菜单，如下图 9-7 所示界面。

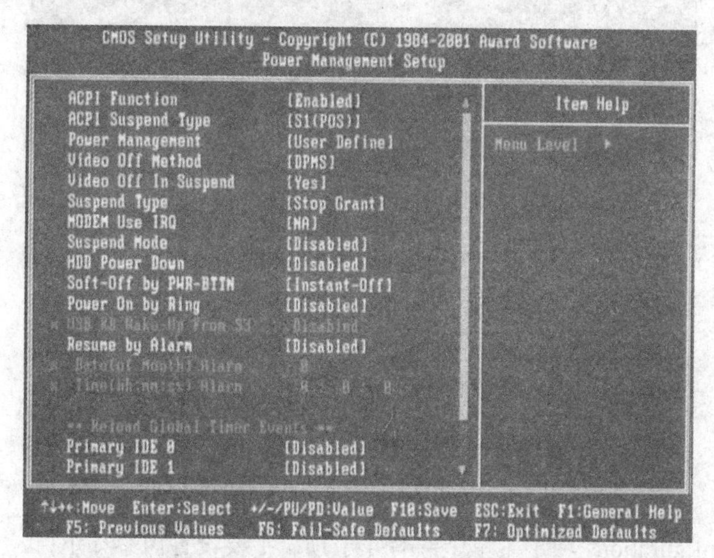

图 9-7　Power Management Setup 设置界面

Power Management Setup 项子菜单中共有 16 子项，常用设置选项为：

IPCA Function（设置是否使用 ACPI 功能）：此项是用来激活 ACPI（高级配置和电源管理接口）功能。如果您的操作系统支持 ACPI-aware，选择 Enabled。设定值有：Disabled（禁用）；和 Enabled（开启）。

ACPI Suspend Type（ACPI 挂起类型）：此选项设定 ACPI 功能的节电模式。可选项有：S1（POS）休眠模式是一种低能耗状态，在这种状态下，没有系统上下文丢失，（CPU 或芯片组）硬件维持着所有的系统上下文。S3（STR）休眠模式是一种低能耗状态，在这种状态下仅对主要部件供电，比如主内存和可唤醒系统设备，并且系统上下文将被保存在主内存。一旦有“唤醒”事件发生。存储在内存中的这些信息被用来将系统恢复到以前的状态。

Power Management （电源管理方式）：此项用来选择节电的类型。缺省值为 User Define（用户自定义），设定值有：User Define (用户自定义)、Min Saving（停用 1 小时进入省电功能模式）和 Max Saving（停用 10 秒进入省电功能模式）等选项。

HDD Power Down（硬盘电源关闭模式）：缺省值为 Disabled（禁用）；用来设置硬盘电源

关闭模式计时器，当系统停止读或写硬盘时，计时器开始计算，过时后系统将切断硬盘电源。一旦又有读写硬盘命令执行时，系统将重新开始运行。

Soft-off by PWR-BTTN （软关机方式）：缺省值 Instant-off（立即关闭）；当在系统中点击“关闭计算机”或运行关机命令后，关闭计算机的方式。设定值有：Instant-off（立即关闭）和 Delay 4 Sec（延迟 4 秒后关机）。

Wake-Up by PCI Card（设置是否采用 PCI 卡唤醒）缺省值为 Disabled（禁用）。

Resune by Alarm（设置是否采用定时开机）缺省值为 Disabled（禁用）。

6. PNP/PCI Configurations（即插即用/PCI 参数设定）项子菜单

在主菜单中用方向键选择 PNP/PCI Configurations 项然后回车，即进入了 PNP/PCI Configurations 项子菜单，如下图 9-8 所示界面。

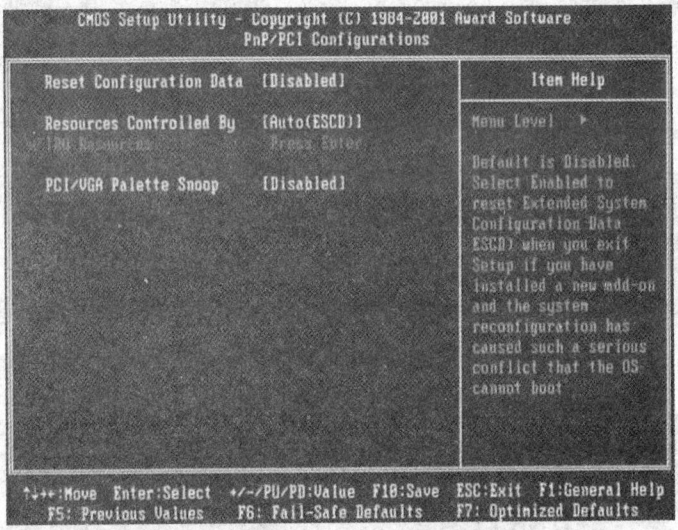

图 9-8 PNP/PCI Configurations 设置界面

PNP/PCI Configurations 项子菜单中共有 4 子项，主要设置内容如下：

Reset Configuration Data（重置配置数据）：通常您应将此项设置为 Disabled。如果安装了一个新的外接卡，系统在重新配置后产生严重的冲突，导致无法进入操作系统，此时将此项设置为 Enabled，可以在退出 Setup 后，重置 Extended System Configuration Data（ESCD，扩展系统配置数据）。设定值有：Disabled（禁用）和 Enabled（开启）。

Resource Controlled By（资源控制）：AWARD 的 Plug and Play BIOS（即插即用 BIOS）可以自动配置所有的引导设备和即插即用兼容设备。但是，此功能仅在使用即插即用操作系统，例如 Windows 95/98 以上操作系统时才有效。如果将此项设置为 Manual（手动），可进入此项的各项子菜单（每个子菜单以 IRQ 开头），手动选择特定资源。设定值有：Auto（ESCD），Manual。

IRQ Resources（IRQ 资源）：此项仅在 Resources Controlled By 设置为 Manual 时有效。按 <Enter>键，您将进入子菜单。IRQ Resources 列出了 IRQ 3/4/5/7/9/10/11/12/14/15，让用户根据使用 IRQ 的设备类型来设置每个 IRQ。

7. Frequency/Voltage Control（频率/电压控制）项子菜单

在主菜单中用方向键选择 Frequency/Voltage Control 项然后回车，即进入了 Frequency/

Voltage Control 项子菜单，如下图 9-9 所示界面。

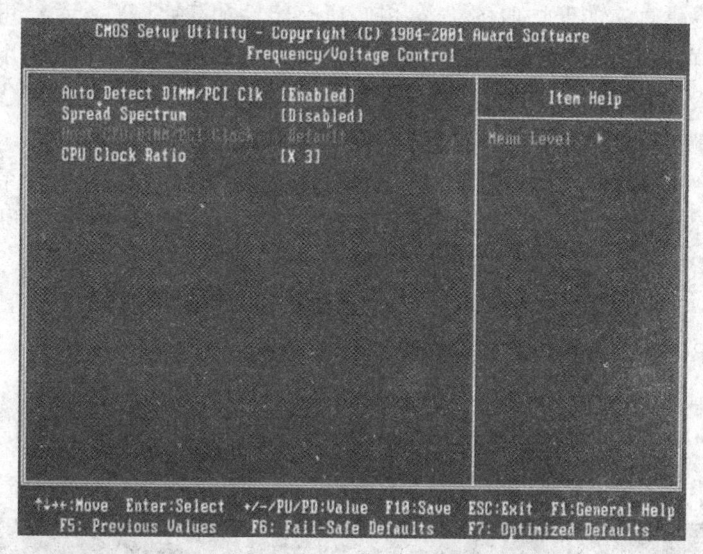

图 9-9　Frequency/Voltage Control 设置界面

Frequency/Voltage Control 项子菜单中共有 4 子项，分别为：

Auto Detect DIMM/PCI Clk（自动侦测 DIMM/PCI 时钟频率）：当设置为 Enabled，系统会自动侦测安装的 DIMM 内存条或 PCI 卡，然后提供时钟给它，系统将屏蔽掉空闲的 DIMM 槽和 PCI 插槽的时钟信号，以减少电磁干扰（EMI）。设定值有：Disabled（禁用）和 Enabled（开启）。

Host CPU/DIMM/PCI Clock（CPU 主频 DIMM 内存/PCI 时钟频率）：此选项指定了 CPU 的前端系统总线频率、内存条时钟频率和 PCI 总线频率的组合。它提供给用户一个处理器超频的方法。如果此项设置为 Default，CPU 主频总线，内存条和 PCI 总线的时钟频率都将设置为默认值。设定值有 Disabled（禁用）和 Enabled（开启）。

CPU Clock Ratio （CPU 倍频设定）：对于未锁频的 CPU，可能要在本项设置 CPU 倍频才会正常显示，但是如果用户手头上的 CPU 是锁频的 CPU，那么不需要作 CPU 倍频设置，该项即可正常显示。

随着 BIOS 技术的不断发展，特别是新的硬盘技术 SATA，PCI-E 总线技术等使得 BIOS 设置内容有所更新，具体掌握设置细节需要参考主板说明手册。

9.2.5　EFI BIOS

EFI，可扩展固件接口英文名 Extensible Firmware Interface 的缩写，是英特尔公司推出的一种在未来的类 PC 的电脑系统中替代 BIOS 的升级方案。EFI 在概念上非常类似于一个低阶的操作系统，并且具有操控所有硬件资源的能力。不少人感觉它的不断发展将有可能代替现代的操作系统。事实上，EFI 的缔造者们在第一版规范出台时就将 EFI 的能力限制于不足以威胁操作系统的统治地位。首先，它只是硬件和预启动软件间的接口规范；其次，EFI 环境下不提供中断的访问机制，也就是说每个 EFI 驱动程序必须用轮询的方式来检查硬件状态，并且需要以解释的方式运行，较操作系统下的驱动效率更低；再则，EFI 系统不提供复杂的存储器保护功能，它只具备简单的存储器管理机制，具体来说就是指运行在 x86 处理器的段保护模式下，以最大寻址能力为限把存储器分为一个平坦的段，所有的程序都有权限存取任何一段位置，并不提供真实的保护服务。当 EFI 所有组件加载完毕时，系统可以开启一个类似于操作系统 Shell 的命令解释环境，在这里，用户可以调入执行任何 EFI 应用程序，这些程序可以是硬件检测及除错软件，引导管理，设置软件，操作系统引导软件等。理论上来说，对于 EFI 应用程序的功能并没有任何限制，任何人都可以编写这类软件，并且效果较以前 MS-DOS 下的软件更华丽，功能更强大。一旦引导软件将控制权交给操作系统，所有用于引导的服务代码将全部停止工作，部分运行时代服务程序还可以继续工作，以便于操作系统一时无法找到特定设备的驱动程序时，该设备还可以继续被使用。

1. EFI 工作界面

EFI 颠覆了 BIOS 的界面概念，让操作界面和 Windows 一样易于上手。在 EFI 操作界面中，鼠标代替键盘成为 BIOS 的输入工具，各功能调节的模块也和 Windows 界面类似，可以说，EFI 就是一个小型化的 Windows 系统。华硕和微星都有已经推出了使用 EFI BIOS 技术的主板。华硕主板的 EFI BIOS 界面如图 9-10 所示。

图 9-10 华硕主板的 EFI BIOS 界面

2. EFI 的组成及各部分功能

一般 EFI 由 Pre-EFI 初始化模块、EFI 驱动执行环境、EFI 驱动程序、兼容性支持模块（CSM）、EFI 高层应用和 GUID 磁盘分区几部分组成。

EFI 初始化模块和驱动执行环境通常被集成在一个只读存储器中。Pre-EFI 初始化程序在系统开机的时候最先得到执行，它负责最初的 CPU，主桥及存储器的初始化工作，紧接着载入 EFI 驱动执行环境（DXE）。当 DXE 被载入运行时，系统便具有了枚举并加载其他 EFI 驱动的能力。在基于 PCI 架构的系统中，各 PCI 桥及 PCI 适配器的 EFI 驱动会被相继加载及初始化；这时，系统进而枚举并加载各桥接器及适配器后面的各种总线及设备驱动程序，周而复始，直到最后一个设备的驱动程序被成功加载。正因如此，EFI 驱动程序可以放置于系统的任何位置，只要能保证它可以按顺序被正确枚举。例如一个具 PCI总线接口的 ATAPI 大容量存储适配器，其 EFI 驱动程序一般会放置在这个设备的符合 PCI 规范的扩展只读存储器（PCI Expansion ROM）中，当 PCI 总线驱动被加载完毕，并开始枚举其子设备时，这个存储适配器旋即被正确识别并加载它的驱动程序。部分 EFI 驱动程序还可以放置在某个磁盘的 EFI 专用分区中，只要这些驱动不是用于加载这个磁盘的驱动的必要部件。在 EFI 规范中，一种突破传统 MBR磁盘分区结构限制的 GUID 磁盘分区系统（GPT）被引入，新结构中，磁盘的分区数不再受限制（在 MBR 结构下，只能存在 4 个主分区），并且分区类型将由 GUID 来表示。在众多的分区类型中，EFI系统分区可以被 EFI 系统存取，用于存放部分驱动和应用程序。很多人担心这将会导致新的安全性因素，因为 EFI 系统比传统的 BIOS 更易于受到计算机病毒的攻击，当一部分 EFI 驱动程序被破坏时，系统有可能面临无法引导的情况。实际上，系统引导所依赖的 EFI 驱动部分通常都不会存放在 EFI 的 GUID 分区中，即使分区中的驱动程序遭到破坏，也可以用简单的方法得到恢复，这与操作系统下的驱动程序的存储习惯是一致的。CSM 是在 x86 平台 EFI 系统中的一个特殊的模块，它将为不具备 EFI 引导能力的操作系统提供类似于传统 BIOS 的系统服务。

3. EFI 与 BIOS

BIOS 在经历了十几年发展之后，也终于走到了尽头，外观上的落后，功能上的羸弱、安全上的薄弱、性能上的不足，都严重制约着它的进一步发展。计算机技术要进步，就必须寻求更好的技术。EFI 作为 BIOS 的替代者，无论是界面、功能还是安全性，都要远远优于后者，而且作为未来主板的趋势所向，EFI 上能执行的程序会越来越多，EFI 能够提供的基本功能也就越来越强。

9.3 硬盘初始化

设置完 CMOS 后，就要使用硬盘安装操作系统了。在使用硬盘之前，首先要对硬盘进行初始化。硬盘的初始化包括低级初始化（Low Level FORMAT）、分区（Parition）和高级格式化（Format）三个环节。

9.3.1 硬盘的低级格式化

低级格式化就是将空白的磁盘划分出柱面和磁道，再将磁道划分为若干个扇区，每个扇区又划分出标识部分 ID、间隔区 GAP 和数据区 DATA 等。可见，低级格式化是高级格式化之前的一件工作，它不仅能在 DOS 环境来完成，也能在 XP 甚至 Win7 系统下完成。而且低级格式化只能针对一块硬盘而不能支持单独的某一个分区。每块硬盘在出厂时，已由硬盘生产商进行低级格式化，因此通常使用者无需再进行低级格式化操作。

1. 主要原理

需要指出的是，在以前的磁盘读取技术水平下，低级格式化是一种损耗性操作，其对硬盘寿命有一定的负面影响。最近一两年出的硬盘进行低级格式化影响要小的多，因为他不是物理上的操作。因此，许多硬盘厂商均建议用户不到万不得已，不可“妄”使此招。当硬盘受到外部强磁体、强磁场的影响，或因长期使用，硬盘盘片上由低级格式化划分出来的扇区格式磁性记录部分丢失，从而出现大量“坏扇区”时，可以通过低级格式化来重新划分“扇区”。但是前提是硬盘的盘片没有受到物理性划伤。

2. 硬盘低级格式化的功用

硬盘低级格式化是对硬盘最彻底的初始化方式，经过低格后的硬盘，原来保存的数据将会全部丢失，所以一般来说低格硬盘是非常不可取的，只有非常必要的时候才能低格硬盘。而这个所谓的必要时候有两种，一是硬盘出厂前，硬盘厂会对硬盘进行一次低级格式化；另一个是当硬盘出现某种类型的坏道时，使用低级格式化能起到一定的缓解或者屏蔽作用。

对于第一种情况，这里不用多说了，因为硬盘出厂前的低格工作只有硬盘工程师们才会接触到，对于普通用户而言，根本无须考虑这方面的事情。至于第二种情况，只有逻辑坏道时才需要低格。

3. 逻辑坏道与物理坏道

总的来说，坏道可以分为物理坏道和逻辑坏道。其中逻辑坏道相对比较容易解决，它指硬盘在写入时受到意外干扰，造成有 ECC 错误。从过程上讲，它是指硬盘在写入数据的时候，会用 ECC 的逻辑重新组合数据，一般操作系统要写入 512 个字节，但实际上硬盘会多写几十个字节，而且所有的这些字节都要用 ECC 进行校验编码，如果原始字节算出的 ECC 校正码和读出字节算出的 ECC 不同，这样就会产生 ECC 错误，这就是所谓的逻辑坏道产生原因。

至于物理坏道，它对硬盘的损坏更具致命性，它也有软性和硬性物理坏道的区别，磁盘表面物理损坏就是硬性的，这是无法修复的。而由于外界影响而造成数据的写入错误时，系统也会认为是物理坏道，而这种物理坏道是可以使用一些硬盘工具（例如硬盘厂商提供的检测修复软件）来修复，此外，对于微小的硬盘表面损伤，一些硬盘工具（例如西部数据的 Data Lifeguard Tools）就可以重新定向到一个好的保留扇区来修正错误。

对于这些坏道类型，硬性的物理坏道肯定是无法修复的，它是对硬盘表面的一种最直接的损坏，所以即使再低格或者使用硬盘工具也无法修复（除非是非常微小的损坏，部分工具可以将这部份坏道保留不用以此达到解决目的）。

4. 低级格式化作用

首先，低级格式化主要是为了解决硬盘上出现逻辑坏道或者软性物理坏道，用户可以尝试使用低级格式化来达到屏蔽坏道的作用，但这里需要指出，屏蔽坏道并不等于消除坏道，低格硬盘能把原来硬盘内所有分区都删除，但坏道却依然存在，屏蔽只是将坏道隐藏起来，不让用户在存储数据时使用这些坏道，这样能在一定程度上保证用户数据的可靠性，但坏道却会随着硬盘分区、格式化次数的增长而扩散蔓延。其次，当大量的病毒侵入到计算机硬盘的某一扇区时，一般的格式化是很难格掉的。这种现象主要体现在计算机不能进入到正常的工作界面，不论怎样用系统盘格式化和装机，等系统装完后仍然不能正常工作。有的病毒文件系统，采用了前后缀加密的编码方法。一般的格式化是很难割除掉病毒的，也就是说，病毒文件前后缀编码加密后，可阻止对此所占用的磁盘扇区进行一般格式化。

综上所述，并不推荐用户对硬盘进行低格，如果硬盘在保修期内最好去保修或者找经销商换一块，这可以说是最佳解决方案，也是最彻底的解决方案了。如果硬盘过了保修期不允许换，那可以试试低格硬盘，以防止将数据存储到坏道导致数据损失。

9.3.2 硬盘的分区和高级格式化分析

硬盘分区实质上是对硬盘的一种格式化，然后才能使用硬盘保存各种信息。创建分区时，就已经设置好了硬盘的各项物理参数，指定了硬盘主引导记录（即 Master Boot Record，MBR）和引导记录备份的存放位置。而对于文件系统以及其他操作系统管理硬盘所需要的信息则是通过之后的高级格式化，即 Format 命令来实现。

在建立分区之前，要做好以下几个方面的准备。

（1）计划该硬盘要分割成多少个分区，以便于维护和整理。一般认为划分成多个分区比较利于管理，因为应用软件和操作系统装在同一个分区里，容易造成系统的不稳定。

（2）理解分区格式，规划每个分区占用多大的容量。当前流行的操作系统常用的分区格式有 2 种：FAT32 和 NTFS。FAT32 格式采用 32 位的文件分配表，增强了对磁盘的管理能力，克服了 FAT 只支持 2GB 的硬盘分区容量的限制，但是 FAT32 格式不能支持 4GB 以上的大文件。NTFS 格式是 Windows 2000、Windows NT、Windows XP、Windows Vista 和 Windows 7 都支持的分区格式、并且在 Windows Vista 和 Windows 7 中只能使用 NTFS 作为系统分区格式。其主要优点是：安全性稳定性高，不容易产生文件碎片，能记录用户的操作，能严格限制用户的权限，使用户在系统规定的权限内进行操作，有利于保护系统和数据的安全。因此，建议用户在安装操作系统时，将硬盘格式设置为 NTFS 格式。根据硬盘容量和使用情况合理规划分区大小。

（3）计划每个分区使用的文件系统以及安装的操作系统的类型及数目。

9.3.3　分区及高级格式化操作方法

目前，最常用的方法是在安装操作系统之前，使用系统安装光盘对硬盘进行分区和高级格式化。下面以 Windows XP 系统为例，介绍一下这种分区的步骤。

首先，从 BIOS 设置中将 First Boot Device 设置为首先从光盘载入操作系统（DVD ROM）。然后，将把 XP 操作系统光盘插入光驱，进入蓝色界面，接下来的界面会自动提示分区，如图 9-11 所示。

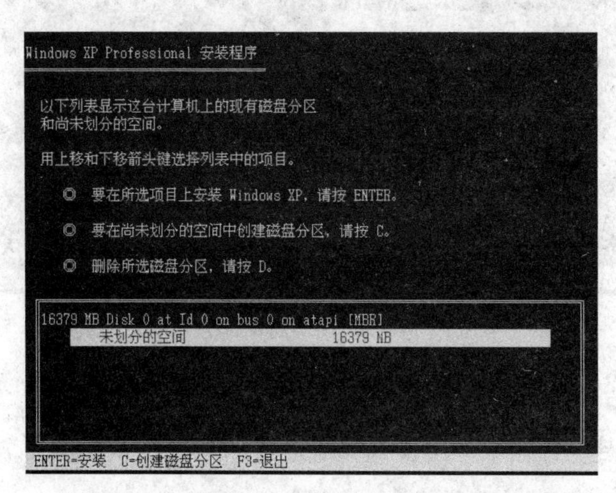

图 9-11　分区界面

按 C 进入创建分区的界面，如图 9-12 所示。输入适当的硬盘大小，按 Enter 键建立第一个分区，即 C 盘。重复上述操作，可以建立第二个分区。

如果某个分区的大小设置不理想，可以按 D 删除分区。但是必须注意，如果分区上有数据，删除分区，分区上的所有数据将会丢失。

硬盘分区之后，还不能直接使用，如果要在分区上安装操作系统或者存储其他数据，必须对分区进行高级格式化。

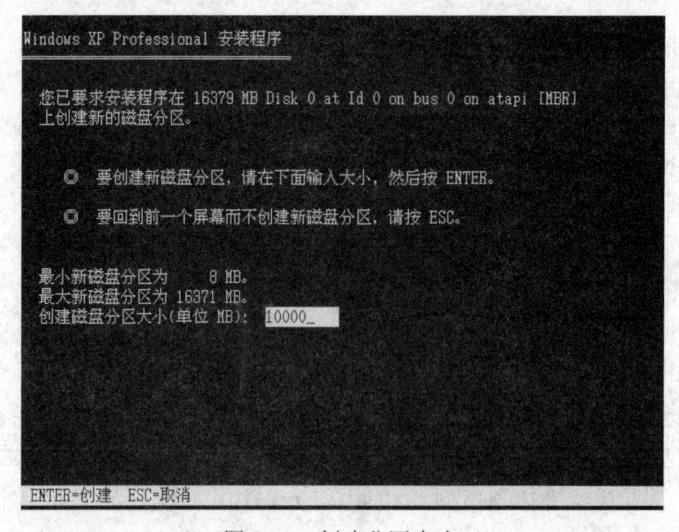

图 9-12 创建分区大小

硬盘分区之后，如果想在 C 盘上安装 XP 系统，选中“C:分区 1”，按 Enter 键进入格式化界面，如图 9-13 所示。

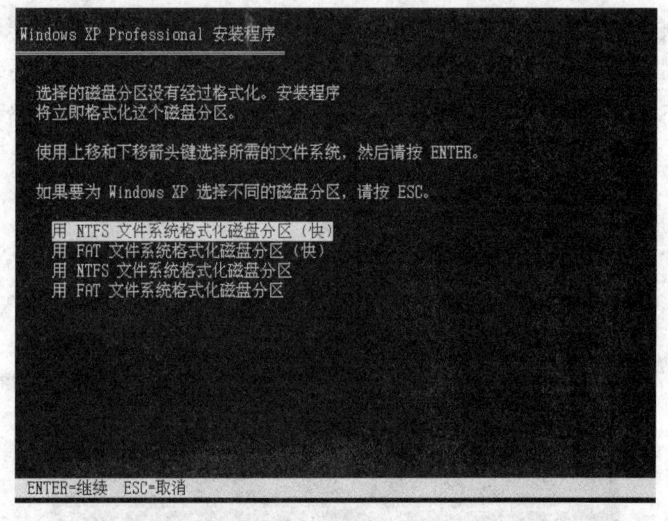

图 9-13 格式化界面

建议选“用 NTFS 文件系统格式化磁盘化磁盘分区（快）”，按 Enter 键开始格式化 C 盘。

9.3.4 图形化分区及格式化

除了利用系统盘外对硬盘进行分区和高级格式化外，目前也有很多好用的工具帮助用户顺利完成这些操作。下面将介绍如何用 Disk Genius 进行磁盘的分区，作为一款磁盘分区及管理软件，分区这个功能是必不可少的，它与其他大多数分区软件相比最大的一个特点就是直观，如图 9-14 所示，从图中可以看到右边是一个仿 Windows 的窗体，左边是一个柱状的硬盘空间显示条，通过在它上面选择，可以一目了然地看到硬盘各个分区的大小及分区类型。

1. 建立主分区

想从硬盘引导系统，那么硬盘上至少需要有一个主分区。在界面里按 Alt 键将调出菜单，选择分区菜单里面的“新建分区”，此时会要求输入主分区的大小，一般来说主分区用于操作系统的安装，不宜分得太大，确定之后软件会询问是否建立 DOS FAT 分区，如果选择“是”那么软件会根据刚刚填写的分区的小进行设置，小于 640M 时该分区将被自动设为 FAT16 格式，而大于 640M 时分区则会自动设为 FAT32 格式。如果选择了“否”软件将会提示手动填写一个系统标志，并在右边窗体的下部给出一个系统标志的列表供用户参考和填写，确定之后主分区的建立就完成了，如图 9-15 所示。

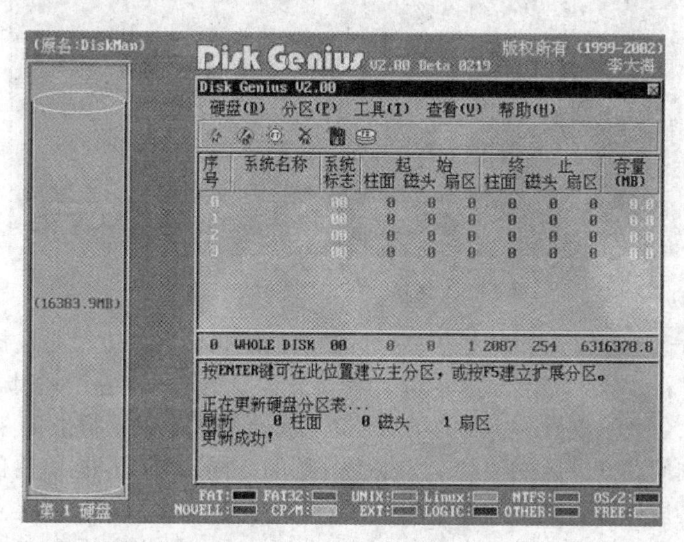

图 9-14　Disk Genius 窗体

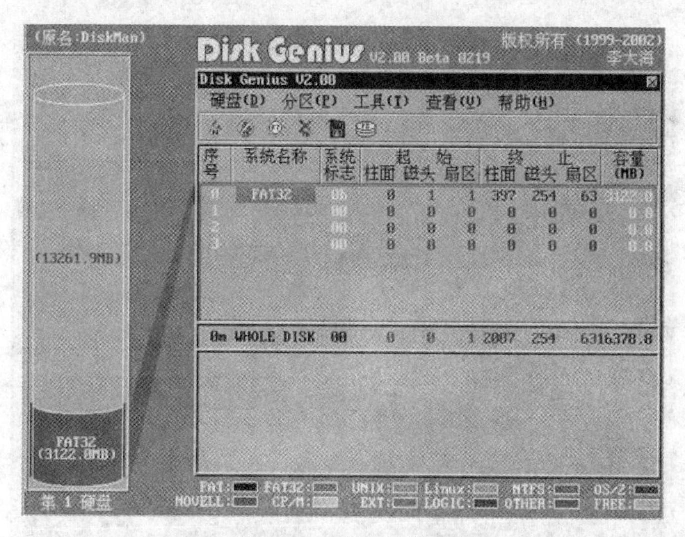

图 9-15　建立主分区

2. 建立扩展分区和逻辑分区

在建立了主分区之后就要接着建立扩展分区和在扩展分区上面的逻辑分区，首先建立扩展分区，在柱状硬盘空间显示条上选定未分配的灰色区域，然后按 Alt 选择菜单栏里分区下的“建扩展分区”，如图 9-16 所示，之后会有提示要求输入建的扩展分区的大小，通常情况下应该将所有的剩余空间都建立为扩展分区，所以这里可以直接按回车确定。

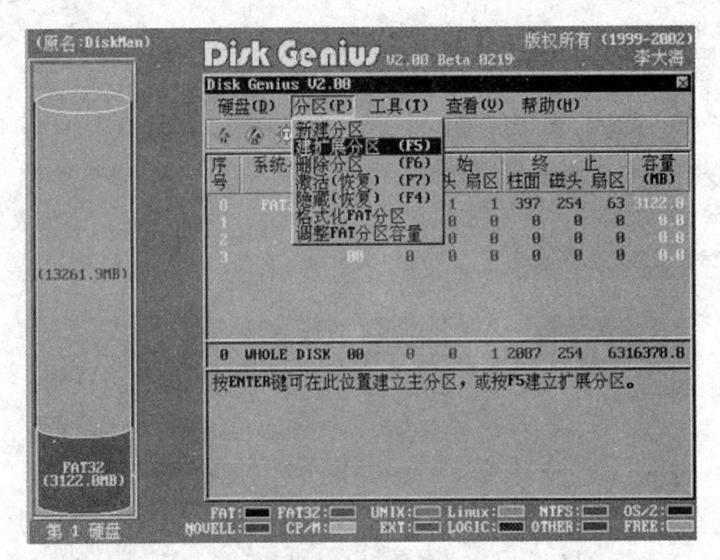

图 9-16　建立扩展分区

建好了扩展分区后，接下来创建扩展分区之上的逻辑分区，方法是选择扩展分区，然后在菜单里面选择“新建分区”，如图 9-17 所示，软件要求输入新建的逻辑分区的大小，可以根据实际情况写入合适的数值，建立的第一个逻辑分区的大小就是将来 D 盘的空间大小，确定之后，软件会询问建立分区的类型，和前面介绍的一样，可以根据需要自己选择。建立了第一个逻辑分区之后如果有剩余的未分配扩展分区空间，那么可以按照建立第一个逻辑分区的方法在剩余的未分配扩展分区上继续建立逻辑分区，也就是相应的 E、F 盘等直到全部分配完成。

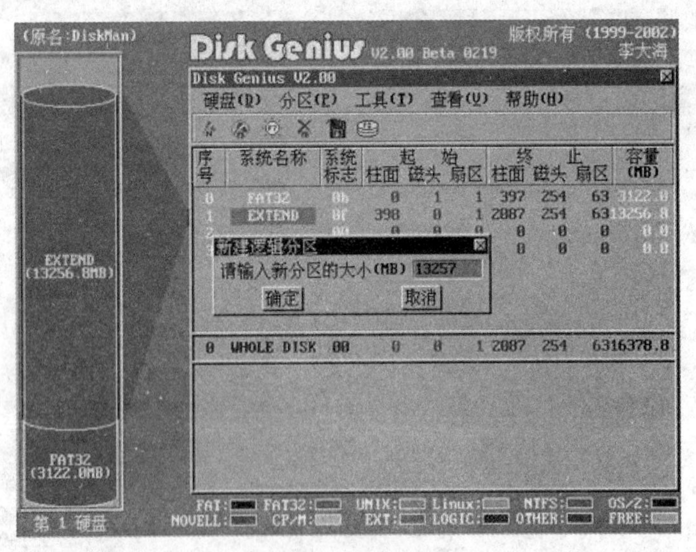

图 9-17　新建分区

9.3.5　不同格式化对比

除了低级格式化、高级格式化，Windows 系统还有一种称之为快速格式化的磁盘格式化方法，三者之间各具特点，请参阅表 9-3。

表 9-3　不同格式化对比

类型	主要工作	特点	备注
低级格式化	介质检查；磁盘介质测试；划分磁道和扇区；对每个扇区进行编号（C/H/S）；设置交叉因子	一般只能在 DOS 环境或自写的汇编指令下进行，低级格式化只能整盘进行，现在硬盘出厂都是经过低格的，实际使用不到万不得已不要使用低格	低级格式化对硬盘有损伤，如果硬盘已有物理坏道，则低级格式化会更加损伤硬盘，加快报废。低格的时间漫长，比如现在 320G 硬盘低格可能需要 20 小时，或更多
高级格式化	清除数据（写删除标记）；检查扇区；重新初始化引导信息；初始化分区表信息	可以在 DOS 和操作系统上进行，只能对分区操作。高级格式化只是存储数据，但如果存在坏扇区可能会导致长时间磁盘读写	DOS 下使用 Format 命令格式化不会自动修复逻辑坏道，如果发现有坏道，最好使用 ScanDisk 或 Windows 系统的磁盘检查功能、还有其他第三方软件进行修复或隐藏
快速格式化	删除文件分配表；不检查扇区损坏情况	可以在 DOS 和操作系统上进行，只能对分区操作。快速格式化也只是存储数据	DOS 下可能有分区识别问题。另外，部分 Linux 系统没有快速格式化命令

练习题

一、选择题

1．关于 BIOS 的说法，下面（　　）是错误的。

A．BIOS 是连通软件程序和硬件设备之间的枢纽

B．BIOS 是英文 Basic Input/Output System 的简称，即是基本输入/输出系统

C．BIOS 与 CMOS 是一个相同的概念

D．目前市面上流行的主板 BIOS 主要有 Phoenix-Award BIOS 和 AMI BIOS

2．如果是组装机，并且是 Phoenix-Award 或 AMI 公司的 BIOS 设置程序，按（　　）键就可以进入 BIOS 设置界面。

A．F2　　B．Del　　C．Esc　　D．F10

3．在 Advanced BIOS Features 设置中，可以设置（　　）。

A．Date 和 Time　　B．IDE SATA　　C．Halt on　　D．First Boot Device

二、简答题

1．BIOS 设置和 CMOS 设置概念上的区别与联系是什么？

2．简述 NTFS 分区格式的优点。

3．简述 EFIBIOS 的优点。

三、操作题

1．设置 BIOS，使得计算机从光驱启动。

2．使用 Windows 系统安装光盘对硬盘进行分区和高级格式化。

第 10 章　笔记本电脑

笔记本电脑，英文名称为 NoteBook，又称便携电脑，是一种小型、可携带的个人电脑，通常重 1～3 公斤。其发展趋势是体积越来越小，重量越来越轻，而功能却越发强大。目前市场上主要有笔记本电脑、上网本、超极本和平板电脑等产品，与PC的主要区别在于其携带方便，如图 10-1 所示。

图 10-1　笔记本和超极本

10.1　笔记本电脑的组成

10.1.1　笔记本电脑的外壳

笔记本电脑的外壳既是保护机体的最直接的方式，也是影响其散热效果、重量、美观度的重要因素。笔记本电脑常见的外壳用料有：合金外壳有铝镁合金与钛合金，塑料外壳有碳纤维、聚碳酸酯 PC和ABS 工程塑料。

目前笔记本外壳朝着美观、个性等方面发展，同样配置的笔记本电脑，鲜艳的颜色，个性的外观往往更受用户的青睐，如图 10-2 所示。厚度上分出了刀锋轻薄（<17.5mm）、便携轻薄（17.5mm～21mm）、普通轻薄（21mm～25mm）和正常厚度（>25mm）。

图 10-2　美观的笔记本

10.1.2 笔记本电脑的处理器

处理器，可以说是笔记本电脑最核心的部件，一方面它是许多用户最为关注的部件，另一方面它也是笔记本电脑成本最高的部件之一（通常占整机成本的 20%）。笔记本电脑的处理器，基本上是由 4 家厂商供应的：Intel、AMD、VIA 和 Transmeta，其中 Transmeta 已经逐步退出笔记本电脑处理器的市场，在市面上已经很少能够看到。在剩下的 3 家中，Intel 和 AMD 又占据着绝对领先的市场份额。如 Intel 公司的 Core i3/i5/i7、Core 2 双核和奔腾/赛扬双核系列和 AMD 公司的 A4、A6、A8、A10 和 E 系列。

笔记本的处理器在制作工艺上要比同时代的PC处理器要更加的先进，笔记本处理器要具备PC处理器不具备的电源管理技术，所以要使用更高的微米精度，所以各个要求都要大于普通 PC 处理器上的要求。但是各项技术指标与台式机 CPU 相似，因为笔记本一般要专业人员才能打开维修，普通用户涉及选购的时候很少，此处不再赘述。

10.1.3 笔记本电脑的内存

由于笔记本电脑整合性高，设计精密，对于内存的要求比较高，笔记本内存必须符合小巧的特点，需采用优质的元件和先进的工艺，拥有体积小、容量大、速度快、耗电低、散热好等特性。出于追求体积小巧的考虑，大部分笔记本电脑最多只有两个内存插槽。笔记本电脑通常使用较小的内存模块以节省空间。

为了在一定程度上弥补因处理器速度较慢而导致的性能下降，一些笔记本电脑将缓存内存放置在 CPU 上或非常靠近 CPU 的地方，以便 CPU 能够更快地存取数据。有些笔记本电脑还有更大的总线，以便在处理器、主板和内存之间更快传输数据。

笔记本电脑中使用的内存类型主要包括双倍数据传输率同步动态随机存取内存（DDR SDRAM），常见的有 DDR2 和 DDR3 类型的内存；包括常见内存技术中的双通道技术也屡见不鲜；容量上一般为 2G 或 4G，甚至有 8G 内存以满足人们日常需求，如图 10-3 所示。

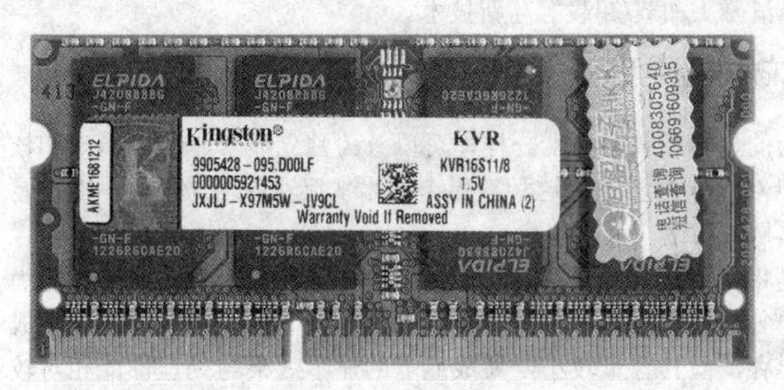

图 10-3 金士顿（Kingston）DDR3 1600 8GB 笔记本内存

10.1.4 笔记本电脑的硬盘

笔记本电脑所使用的硬盘一般是 2.5 英寸，如图 10-4 所示。笔记本电脑硬盘是笔记本电脑中为数不多的通用部件之一，基本上所有笔记本电脑硬盘都是可以通用的。但是笔记本电脑硬盘有个台式机硬盘没有的参数，就是厚度，标准的笔记本电脑硬盘有 9.5mm、12.5mm、17.5mm 三种厚度。9.5mm 的硬盘是为超轻超薄机型设计的，12.5mm 的硬盘主要用于厚度较大光软互换和全内置机型，至于 17.5mm 的硬盘是以前单碟容量较小时的产物，已经基本没有机型采用了。

图 10-4　西部数据（WD）1TB 2.5 英寸硬盘

笔记本电脑硬盘由于采用的是 2.5 英寸盘片，即使转速相同时，外圈的线速度也无法和 3.5 英寸盘片的台式机硬盘相比，笔记本电脑硬盘现在是笔记本电脑性能提高最大的瓶颈。主流台式机的硬盘转速为 7200rPm，但是笔记本硬盘转速仍以 5400 转为主。笔记本电脑硬盘一般采用 3 种形式和主板相连：用硬盘针脚直接和主板上的插座连接，用特殊的硬盘线和主板相连，或者采用转接口和主板上的插座连接。不管采用哪种方式，效果都是一样的，只是取决于厂家的设计。由于应用程序越来越庞大，硬盘容量也有越来越高的趋势，对于笔记本电脑的硬盘来说，不但要求其容量大，还要求其体积小。为解决这个矛盾，笔记本电脑的硬盘普遍采用了磁阻磁头（MR）技术或扩展磁阻磁头（MRX）技术，MR 磁头以极高的密度记录数据，从而增加了磁盘容量、提高数据吞吐率，同时还能减少磁头数目和磁盘空间，提高磁盘的可靠性和抗干扰、震动性能。它还采用了诸如增强型自适应电池寿命扩展器、PRML 数字通道、新型平滑磁头加载/卸载等高新技术。

10.1.5　笔记本电脑的显卡

笔记本电脑的显卡和普通显卡一样，可以分为独立显卡、集成显卡和核心显卡三种，目前很多笔记本以双显卡为卖点，这种双显卡技术实际上是独立显卡+核心显卡，其性能当然无法与两个独立显卡相比。

集成显卡是将显示芯片、显存及其相关电路都做在主板上，与主板融为一体；集成显卡的显示芯片有单独的，但大部分都集成在主板的北桥芯片中；一些主板集成的显卡也在主板上单独安装了显存，但其容量较小，集成显卡的显示效果与处理性能相对较弱，不能对显卡进行硬件升级，但可以通过 CMOS 调节频率或刷入新 BIOS 文件实现软件升级来挖掘显示芯片的潜能；集成显卡的优点是功耗低、发热量小、部分集成显卡的性能已经可以媲美入门级的独立显卡，所以不用花费额外的资金购买显卡。

独立显卡是指将显示芯片、显存及其相关电路单独做在一块电路板上，自成一体而作为一块独立的板卡存在，它需占用主板的扩展插槽（ISA、PCI、AGP 或 PCI-E）。独立显卡单独安装有显存，一般不占用系统内存，在技术上也较集成显卡先进得多，比集成显卡能够得到更好的显示效果和性能，容易进行显卡的硬件升级；其缺点是系统功耗有所加大，发热量也较大，需额外花费购买显卡的资金。

核芯显卡是 Intel 新一代图形处理核心，和以往的显卡设计不同，Intel 凭借其在处理器制程上的先进工艺以及新的架构设计，将图形核心与处理核心整合在同一块基板上，构成一颗完整的处理器。这种设计上的整合大大缩减了处理核心、图形核心、内存及内存控制器间的数据周转时间，有效提升处理效能并大幅降低芯片组整体功耗，有助于缩小了核心组件的尺寸，为笔记本、一体机等产品的设计提供了更大选择空间。

10.1.6　笔记本电脑的屏幕

显示屏是笔记本的关键硬件之一，约占成本的四分之一左右。显示屏通过数据排线同主板相连，主要分为 LCD 与 LED。关于两者的区别与联系与目前台式机显示器相同，不再赘述。

目前，绝大部分笔记本电脑的液晶屏幕都采用 LED 背光技术。主要有 11、12、13、14、15、16、17 英寸等多种规格，绝大多数液晶屏幕都属于 19:10、16:9 的宽屏，14 英寸和 15 英寸的宽屏液晶屏幕最为常见，如图 10-5 所示为联想 Z460A 的液晶屏。

图 10-5　联想 Z460A 液晶屏

10.1.7　笔记本电脑的电池与电源适配器

笔记本电脑和台式机都需要电流才能工作。但与台式机不同的是，笔记本电脑的便携性很好，单依靠电池就可以工作。笔记本电脑的电池主要有镍镉电池、镍氢和锂电池，主流产品以锂电池为主。

镍镉（NiCad）电池是笔记本电脑中常见的第一种电池类型，较早的笔记本电脑可能仍在使用它们。它们充满电后的持续使用时间大约在两小时左右，然后就需要再次充电。但是，由于存在记忆效应，电池的持续使用时间会随着充电次数的增加而逐渐降低。

镍氢（NiMH）电池是介于镍镉电池和后来的锂离子电池之间的过渡产品。它们充满电后的持续使用时间更长，但是整体寿命则更短。它们也存在记忆效应，但是受影响的程度比镍镉电池轻。

锂电池是当前笔记本电脑的标准电池。它们不但重量轻，而且使用寿命长。锂电池不存在记忆效应，可以随时充电，并且在过度充电的情况下也不会过热。此外，它们比笔记本电脑上使用的其他电池都薄，因此是超薄型笔记本的理想选择。锂离子电池的充电次数 950～1200 次之间。许多配备了锂离子电池的笔记本电脑宣称有 5 小时的电池续航时间，但是这个时间与电脑使用方式有密切关系。硬盘驱动器、其他磁盘驱动器和 LCD 显示器都会消耗大量电池电量。甚至通过无线连接浏览互联网也会消耗一些电池电量。许多笔记本电脑型号安装了电源管理软件，以延长电池使用时间或者在电量较低时节省电能。

笔记本电脑通过电源适配器（变交流电为直流电）和电池供电。各种电源适配器都有各自的输入、输出电压和额定功率，因此，最好不要将不同机型的电源适配器混用，以免烧坏机器。如图 10-6 所示为笔记本的电池及电源适配器。

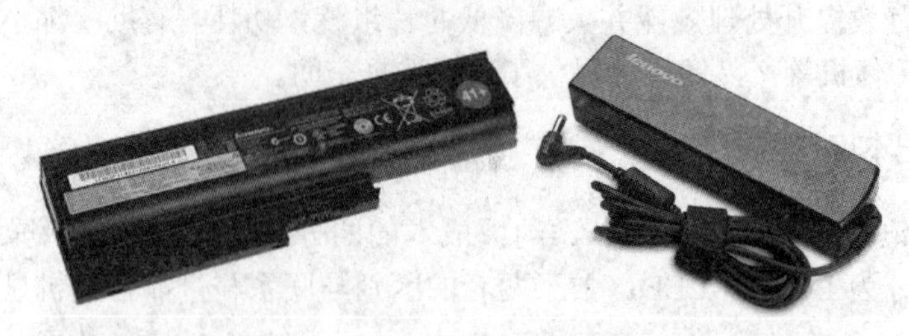

图 10-6　笔记本电池及电源适配器

10.2　笔记本电脑的日常保养

1. 外壳

首先要使用小心，防划。有些外壳由于涂有涂料，清洁也需要格外的注意，可以使用柔软的布沾上一些清水再拧干来擦拭，如果遇到油渍等不易清洁的污迹，可以用一些蜡质清洁剂（例如碧丽珠和汽车清洁用的膏蜡），但是切忌不能使用酒精等有机性溶剂，否则外壳表面的涂层被溶解了那可就不美观了。最好给笔记本配一个质地良好、结实耐用的外包，还可以贴上一层保护膜。

2. 显示屏幕的日常维护

由于组成液晶屏幕的面板材料非常脆弱且极易破损，所以一旦外界对其施力过大便会对液晶屏幕造成不可修复的损坏，比如出现显示模糊，水波纹等现象，从而影响了显示输出效果。平时避免让液晶屏幕遭到正面的外力冲击，比如压，砸，打等，不要用手指头或硬物在屏幕上乱点，这样不仅会给液晶屏幕上留下难看又难清洁的手指印或划痕，而且液晶屏幕可能会被手指甲划出不可修复的划痕来。

由于液晶屏幕的物理特性，使它的使用寿命相对于台式 CRT 显示器要短了很多，比如在两年左右的时候由于背灯管和液晶板老化便会出现显示偏暗和发黄的问题。在平时的使用中尽可能不要把亮度调的过高，实际上现在很多机器的屏幕质量都非常好，调得过高反而会刺眼。并且可以在电源管理选项中设置多久不进行操作就自动关闭液晶屏幕，这样不仅仅可以有效的延长液晶屏幕的寿命，同时还可以在使用电池供电时节省一些电力。

液晶屏幕在清洁方法上和外壳比较的类似，除了不能使用有机溶剂擦拭以外，还不能用水直接去擦，这是因为液晶有很强的透水性，可以用蘸水拧干的湿布来擦拭，或者是购买液晶屏幕专用清洁剂。清洁液晶屏幕必须在关机状态下进行，而且清洁剂或清水量也不可过多。

屏幕出现问题或故障，一定要交给专业人员来拆卸。这是因为液晶显示屏幕的内部会产生高电压，擅自拆开是很危险的。

3. 指针定位设备

现在普遍应用在笔记本电脑上的指针定位设备有指点杆和触摸板两种，前者主要被 IBM

的全系列机型和早期的 Toshiba，Dell 等机型使用，而后者是最常见到的一种笔记本电脑指针定位设备。

对于这两种不同的鼠标，自然在保养的方式和复杂程度也不同。指点杆在保养起来最为简单，基本不需要注意过多的问题，如果脏了可以拆下来清洗一下，实在是无可救药时到维修中心购买一个换上就可以。而触摸板就由于是全封闭设计，所以灰尘进入到内部的可能性非常小，平时多注意清洁表面灰尘即可。

另外为了让使用者获得更好的手感，触摸板表面有一层磨沙层，随着和手指的频繁摩擦，涂层会慢慢退掉，另外尖锐的物体也会将涂层划掉，因此平时使用时尽量多加小心。对于触摸板机型的用户来说，每次使用之前清洁一下手部卫生，并将手上的水分擦拭干净是很有必要的。

4. 摄像头

目前许多笔记本电脑都带有内置摄像头。日常使用摄像头时，应注意不要将摄像头直接对着阳光及其他强光，以免损害摄像头的图像感应器件；避免摄像头的镜头和油、蒸汽、水气、湿气及灰尘等物质接触，更要避免直接与水接触；不要使用刺激性的清洁剂或有机溶剂擦拭摄像头；不要长时间使用摄像头，这样容易加速元件的老化。

5. 电池的保养

现在的笔记本基本上都是锂电池。由于锂离子电池的电记忆效应小的可以忽略不计，所以半途充电对它的损伤并不是很大，而它最怕的是过度放电（完全放电），所以最好不要等到电池快用完了再充电。如果长时间不用，可以在平时将其充电充满后取下，放到一个干净的地方，然后每隔一月充一次电，这样，既能保证电池良好的保存状态，又不至于让电量完全流失而损坏电池。

室温 20℃～30℃为电池最适宜的工作温度，温度过高或过低的操作环境将降低电池的使用时间。电池的寿命都是固定的，一般可用两年，待机的时间变得越来越短。

6. 接口的保养

笔记本电脑接口中最容易出问题的就是那些频繁插拔或者很久不用的接口。对于 VGA 等输出接口来说，使用的时候一定要把接口上面的固定螺丝拧好，因为这些接口都是不能热插拔的，如果没有固定好造成接触不良，可能会损坏主板。对于长期不使用的接口，可以采取必要的防锈措施，最简单的方法就是在表面涂一点汽车蜡，待干了之后就是很好的防锈剂，当然，蜡只能涂在接口表面的金属部分，不要涂到接口的针脚上面。

7. 散热

随着笔记本电脑的性能越来越高，机器内部芯片产生的热量也越来越多，在很短的时间内即可达到很高的温度。一般而言，笔记本电脑制造商通过风扇、散热导管、大型散热片、散热孔等方式来降低笔记本使用中产生的高温。散热解决得不好将导致系统性能下降，并严重影响系统的稳定性与可靠性，还将影响其他部件的使用寿命。

日常保养主要包括：首先，笔记本电脑背后的散热孔灰尘太多，可适当清洁一下；其次，尽量在凉爽通风的环境中使用笔记本电脑，尤其不要将笔记本电脑放置在柔软的物品上，如床、沙发，这可能会堵住散热孔而影响散热效果进而降低运作效能，甚至死机；再次，可以购买散热底座或笔记本专用散热风扇，价格在 20 到 100 元之间。笔记本专用散热底座如图 10-7 所示。

图 10-7　笔记本专用散热底座

10.3　笔记本电脑的选购

笔记本电脑与台式机有很大区别，除了选购时要考虑 CPU、内存、显示器等性能外，还要注意品牌、外观、液晶屏幕以及保修等事宜。在选购笔记本电脑是应该从以下几方面考虑。

1. 做好市场调研，按需购买

购买前首先要根据自己的预算，决定适合的品牌，千万别因贪图便宜而选择品质、售后都较差的小品牌或杂牌。其次要摸清这款机器的配置情况，以及预装系统和基本售后服务。最后要知道看好机型和市场行情，价格走势，甚至是促销活动，这些资料都可以通过专业的网站和平面媒体查找到。而且由于网络媒体的反应速度较快，一般能第一时间洞察市场变化，只要在购买前对相关网站保持关注，就能基本摸清市场行情。

还可以通过咨询选择品牌的售后电话，或者通过访问相关品牌的网站掌握到最新最准确的价格信息，还可以避免商家克扣相关的赠品。

2. 注重开箱前验箱

在选好机型，并谈好价钱后，必须仔细进行验机。验机过程主要包括验箱、验外观和验配置三个过程。

验箱非常关键，首先要观察箱子的外观，很多厂家都在箱子封口贴有一次性激光贴，要保证激光贴张贴完好；其次，如果发现包装箱发黄、发暗，说明这台笔记本很可能被商家积压很久，而包装箱崭新，但外面稍有小的损伤到不用太在意，这往往是运输过程中的问题，有时是无法避免的。

另外，包装箱往往能提供一些有用的信息。很多厂商都会在包装箱上粘贴机器的身份证明——产品序号。一些大品牌还会提供产品序号的查询。还有产品序号一定要与机箱内的保修卡、笔记本身上的号码相符合才行。而对于 ThinkPad 笔记本普遍存在的刷号机问题，通过简单的序号查询、对比是无法辨认的。只能借助机身背后的 COA 进行识别。COA 就是机器背面的 Windows 系列号标签，即微软的产品授权许可（Certificate of Authenticity），如图 10-8 所示。

3. 检验外观，分辨样机

样机是卖场里所展示笔记本的俗称，有时候会因销售人员的保护措施不当，在机身外壳有所损伤。检查样机是件考验眼神的事情，由于样机往往经过一段时间的展示，所以仔细查看一定会发现蛛丝马迹。先仔细检查机器的顶盖，通过不同角度与光线的组合，查找是否有划痕。另外，还可以检查机器的 I/O 端口、电源插头以及电池接口，全新的机器一定不会出现尘土、脏物，以及使用过的痕迹。

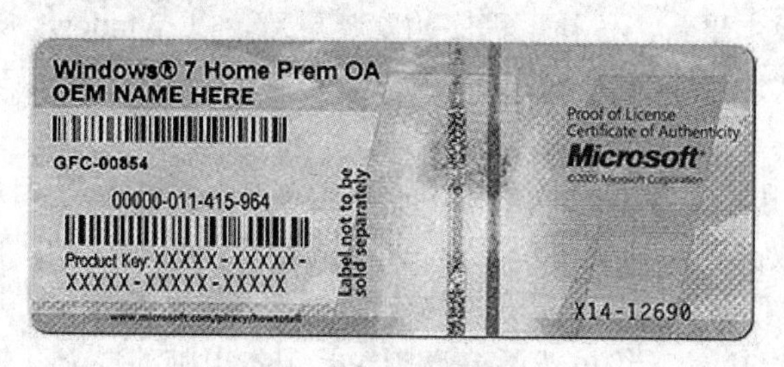

图 10-8　COA 标签

样机还会有一个问题，就是有些厂商由于国际联保采用了出厂后一段时间自动生效的规定，如 HP 的机器通常在出厂后 59 天自动激活联保服务。如果用户不幸买到了这些品牌的样机，很可能由于该机出厂时间过长而失去应得的售后服务。

4. 通过工具软件进行辨别硬件

用户通过查看 Windows 的系统属性也能简单了解相关的硬件情况，但是为了更加严谨、准确，还可以通过使用一些优秀的检测程序辨别检验硬件。

首先就要检查硬件是否符合商家所说，不过由于很多识别软件都需要机器本身安装好驱动后才能检测，无疑在准确性和便捷性上大打折扣。而 Hwinfo32 则是特殊的一款，它不仅能“免驱动”进行识别，还可以直接使用，无需安装。只要运行这个软件之后，一切的硬件信息就一目了然了。

然后就是检查 LED 屏幕了的坏点，坏点也称为“亮点”，比较明显，也容易发现。目前有少数品牌承诺的 LED 屏幕零坏点。检测坏点的最好方法就是使用专业软件，如 Nokia Ntest。它是专业的显示器测试软件，能够查找亮点、偏色、聚焦不良等问题。不用安装，拷贝到硬盘里就可以直接使用。通过控制软件显示不同的图像组合，来发现 LED 问题，主要考察细心、耐心。

所以在准备购笔记本电脑前，一定要准备好相应检测软件并拷贝到 U 盘上，并携带备用。

5. 注意保留保修卡、发票等售后服务的凭证

购买笔记本后，一定要索要发票和填写保修卡，这也是不可忽视的重要环节。发票是商家履行国家三包规定的唯一合法证明，不要贪图便宜不要发票，当机器在三包规定期内出现问题，就无法享受 7 天退还、15 日内更换的服务。另外，大多数厂商都在自己的售后服务条款中规定，维修时必须同时出示保修卡与发票，否则在机器的合法性上无法得到确认。

在填写发票时还要注意，一定要将机器的型号、产品编码、填写在上面，这一般也是厂商保修条款中的规定。保修卡也一定要加盖商家的公章，并将附联交由商家邮寄给厂商。

总之，只要足够细心，掌握一定的方法，就能选购到一台满意的笔记本电脑。

10.4　笔记本电脑的升级

笔记本电脑的升级方式，可分为软件升级与硬件升级。

10.4.1 软件升级

软件升级主要包括操作系统升级和BIOS的升级。

1. 操作系统升级

主要是操作系统版本更新，各补丁程序的安装更新，以Windows操作系统为例，一般通过微软官网下载相应软件包即可。

2. BIOS的升级

刷新BIOS时要用外接电源，不要用笔记本电脑的电池电源，以防在刷新过程中电池电力耗尽，导致刷新失败。还要到所用的笔记本电脑的厂家网站下载最新的BIOS文件，一定要检查下载的BIOS文件是否与机器型号相吻合，以免造成严重后果。通过不同BIOS升级的方法完成升级过程。BIOS的升级虽然不能直接对笔记本电脑的性能产生很明显的提高，但是在升级其他硬件前升级一下BIOS可以提高笔记本电脑对新硬件的兼容性。

需要注意的是BIOS升级存在一定的危险性，软件版本不对或者误操作可能会造成笔记本电脑的严重故障，不建议普通用户升级BIOS。

10.4.2 硬件升级

笔记本电脑升级主要包括CPU、内存、硬盘、显卡和光驱的升级，升级首先要考虑硬件的兼容性，其次要考虑升级的必要性。

1. CPU的升级

笔记本电脑的CPU一般都是焊接在主板上的，不可更换。虽然也有一些笔记本电脑的CPU是抽取式的可以更换，但笔记本电脑的CPU价格一般在千元左右，所以升级的意义不大。

2. 内存的升级

在笔记本电脑升级中是最简单的，也是提高性能最明显的方式。对于笔记本电脑来讲，如果采用共享方式使用，同时负责内存、显存等所有存储功能，那么相比之下笔记本内存对于整机性能的影响则更为显著。

大部分笔记本电脑都预留了两个DIMM插槽，有些采用集成内存设计的不需要占用扩展槽，有些则已经占用了一个插槽来安置内存。因为笔记本内存不同于台式机的内存，有时会出现兼容性不好或不兼容的问题，买的时候要选择名牌大厂的产品，尽量选用BGA封装的内存，不仅它比TSOP封装的内存体积更小，而且BGA封装使内存芯片尽可能少的被陶瓷所覆盖，可以获得更好的散热性能。对笔记本电脑的耗电量与散热都有好处。

容量方面，理论上越大越好，鉴于目前流行的Windows 7系统及一些软件对内存需求越来越大的实际情况，所以建议选择单条2G以上的内存。还有一点在升级之前一定要搞清楚，笔记本电脑是否还有空余的内存插槽，每个插槽可以支持多大容量的内存，主板支持的是SD还是DDR内存，DDR哪个类型的内存等。这些在笔记本电脑说明书上应该可以找到或者通过Hwinfo32工具软件进行识别。

3. 硬盘的升级

随着使用时间的增长，储存的文件越来越多，原本就不大的硬盘空间越来越少。从体积上来说，笔记本电脑硬盘主要有9.5mm和12.5mm两种厚度规格。因此升级之前首先要注意尺寸，这是一个比较关键的问题，比如超轻薄机型只能使用9.5mm的硬盘，全内置和光软互换机型既可以使用 9.5mm，也可以使用 12.5mm 的硬盘。部分超轻薄机型还使用的是特殊规格的硬盘。所以，在升级之前，最好查看一下机器的相关说明，看看电脑能够支持多大容量的硬盘，如果不支持是否可以通过升级 BIOS 来解决（这是升级 BIOS 的主要目的之一）。如果已经没有可供升级的 BIOS，比如那些比较老的机型，建议最好是在最大容量限定的范围内来选择。对于替换下来的旧硬盘，可以买一个 USB 硬盘盒做一个移动硬盘。其次，还要注意一下转速，最好选用高转速的硬盘，这样虽然发热量要大一些，但速度会提高很多，还是值得选择。

4. 显示卡的升级

笔记本电脑的显卡分为共享显存显卡和独立显存显卡。以前的笔记本电脑，无论是共享还是独立显存的显卡，都是主板集成的，也就是说焊接在主板上，是无法升级的。有的厂家生产的笔记本电脑，带有独立的 AGP 插槽，如 DELL 等大公司的一些机型，这样就给笔记本电脑显卡的升级带来了可能。其实，大多数人用笔记本电脑，是做文字处理等办公应用，所以对显卡的 3D 显示功能要求并不高。如果笔记本电脑只是这样使用的话，显卡的升级意义就不大了。因为所有的笔记本电脑，也包括一些老机型的显卡，都可以很好的完成这些工作。但如果喜欢经常玩一些 3D 游戏，以及做一些图形处理的话，那用户就可以考虑升级的显卡。

5. 光驱的升级

一般老机器的光驱都是 CD-ROM，分为内置式与外置式。内置的升级比较麻烦，需要到厂家的技术服务部门，去更换一个内置光驱模块，这样的升级花费较多。如果嫌花钱太多，那只好舍去一些便携性，选择升级成外置式的光驱。外置光驱一般都为 USB 接口，方便、兼容性强，是光驱升级理想的选择。

10.5 超极本

超极本（Ultrabook）是英特尔继 UMPC、MID、上网本（netbook）、Consumer Ultra Low Voltage 超轻薄笔记本之后，定义的又一全新品类的笔记本产品，Ultra 的意思是极端的，Ultrabook 指极致轻薄的笔记本产品，即常说的超轻薄笔记本，中文翻译为超“极”本。超极本拥有极强性能、极度纤薄、极其快捷、极长续航、极炫视觉五大特性，将创造移动计算有史以来性能和便携性的最佳结合，卓越的综合能力带来前所未有性能不妥协的轻薄体验。如图 10-9 所示。

图 10-9 超极本外观

10.5.1 超极本特点

2013年推出的触控超极本，屏幕可以360度旋转，采用Windows 8操作系统，用户使用更方便。

超极本将会带来差异化竞争的优势。其集成了平板电脑的应用特性与PC的性能，也就是将苹果在iPad中的创新体验引入到PC中，但是，超极本就是电脑，不是上网本，也不是平板，所以它终于可以实现众多商务人士所需求的iPad+PC二合一的需求。

目前，超极本是基于32nm的Sandy bridge处理器和22nm ivy bridge的处理器。简单地说，超极本与之前的笔记本电脑相比有几大创新：

（1）启用22nm低功耗CPU，电池续航将达12小时。

（2）休眠后快速启动，启动时间小于10秒，有的启动时间仅为4秒。

（3）具有手机的AOAC功能（Always online always connected），这一功能目前PC无法达到，休眠时是与Wi-Fi/3G断开的，而手机休眠时则会一直在线进行下载工作，超极本将会引入AOAC功能。

（4）触摸屏和全新界面。

（5）超薄，加上各种ID设计，根据屏幕尺寸不同，厚度至少低于20毫米。有的厚度仅13mm。

（6）安全性：支持防盗和身份识别技术。

（7）部分品牌的超极本还可以变形成平板电脑，实现两用。

10.5.2 超极本外观设计

超极本作为笔记本的一种延伸和创新，在外设方面必然会有一定的不同。要想让超极本发挥出超高性价比，必备的周边产品必不可少。在超极本推出之后，各大配件厂商针对超极本不同特点和不足，纷纷推出了有各自特色的外设产品。像USB网卡、蓝牙无线鼠标、超极本音箱等。例如超极本在追求极致的轻、极致的薄的同时，在接口上就有点应接不暇，能内置的当然就内置了，忽略了对一些常用端口的设计，例如LAN口，而这样的情况在国内是很不符合国情的，所以像USB网卡就是很有必要的。而蓝牙功能就是超极本中比较常见。这时候蓝牙鼠标就显得比普通无线鼠标更加的方便及不占用端口。

另外超极本因为追求极致的厚度设计，所以在超极本的音响单元通常是非常简陋的，而超极本的市场消费人群通常对声音的要求普遍比较高，所以对超极本音箱的需求自然而然的就提高了不少，作为超极本音箱和普通小型音箱的不同，主要表现在以下几方面。

首先，应该跟超极本的档次相搭配的；其次，外形方面，也要与超极本搭配，以简约时尚为上；再次，应该有好的音质表现，毕竟音箱主要是用来听的，没有好的音质，一切都免谈，而市场上专门针对超极本研发的产品非常少，大部分厂商都是在研发之中，像惠威S3W、BOSE-Computer Music Monitor虽说是普通的小型音箱，但勉强可以算作超极本音箱的范畴，而麦博通过采用系统化的设计理念之后，完美的解决了以上三点，率先发布了首款超极本音箱FC10，不过相信在超极本成为市场主流之后，超极本音箱既然会得到一个大的发展。

10.5.3 超极本选购策略

自超极本诞生至今两年的时间了，从最开始使用SNB平台处理器到现在的IVB平台处理器，再到2013年的将会推出的Haswell平台处理器，英特尔的超极本的性能将再度提升一个高度，与此同时，超极本也进行着自我创新与突破，触控超极本和变形超极本的出现便是一个很好的例子，这样一来消费者就能拥有更多的使用体验。

就像传统笔记本之于超极本那样，就算超极本的功能再强大，对于不同的消费者来说很多功能还是不常用的，所以没有必要为一些自己用不上的功能而多花那些钱，各大OEM厂商深谙此道，所以在产品线的规划上仍然备有多种产品供不同需求的消费者选择。

因此，在选购超极本是要结合以下几个原则。

（1）个人需求的原则。

超极本作为新生事物，主要为商务人士带来更加快捷的体验，如果作为在校大学生或者不经常出差的上班族，自然没必要考虑购买超极本。

（2）综合考虑性价比。

高性价比使用户选购产品的一个重要衡量指标。高性能、实用、价格优惠的产品应该作为重要参考指标。在选购时，要通过横向比较，把各品牌、各产品对比后，选择一款性价比高的产品。

（3）注意品牌，考虑售后。

大的厂商、品牌，具有广泛的售后服务网络，具有良好的售后服务和良好的质保信誉，是用户考虑的重要方面之一。

（4）接口种类及数量。

超极本接口种类和数量不尽相同，应该说种类数量少是一大特点。因此要根据用户个人选择一款接口种类和数量满足需要的超极本才是选购上策。

10.6　平板电脑

平板电脑（Tablet Personal Computer，简称Tablet PC、Flat Pc、Tablet、Slates），是一种小型、方便携带的个人电脑，以触摸屏作为基本的输入设备。它拥有的触摸屏（也称为数位板技术）允许用户通过触控笔或数字笔来进行作业而不是传统的键盘或鼠标。用户可以通过内建的手写识别、屏幕上的软键盘、语音识别或者一个真正的键盘（如果该机型配备的话）。平板电脑由比尔·盖茨提出，应支持来自Intel、AMD和ARM的芯片架构，从微软提出的平板电脑概念产品上看，平板电脑就是一款无须翻盖、没有键盘、小到放入女士手袋，但却功能完整的PC。

10.6.1　平板电脑的发展

2010年，苹果iPad在全世界掀起了平板电脑热潮。有统计数据显示，2010年平板电脑关键词搜索量增长率达到了1328%，平板电脑对传统PC产业，甚至是整个3C产业带来了革命性的影响。同时，随着平板电脑热度的升温，不同行业的厂商，如消费电子、PC、通讯、软件等厂商都纷纷加入到平板电脑产业中来，咨询机构也乐观预测整个平板电脑产业。一时间，从上游到终端，从操作系统到软件应用，一条平板电脑产业生态链俨然形成，平板电脑各产业生态链环节快速发展。

受平板电脑发展前景的吸引，不论跨国还是本土企业，都在加快平板电脑的市场布局。各大PC厂商、手机厂商、芯片厂商、家电厂商、数码厂商等纷纷开始涉足这一新兴市场，相继推出自己的平板电脑产品。据统计，中国市场上已出现约 30 多个品牌的平板电脑。群雄割据的局面使得市场竞争日益白热化。

在平板电脑的市场销售中，用户需求决定了产品的发展方向。因此，结合用户需求来看，在硬件方面，时尚元素的注入是发展方向；在软件方面，应用软件的创新是挣脱同质化竞争的突破口；而在产品应用方面，商务性的产品终将超过娱乐性的产品成为未来发展的主流。

10.6.2 平板电脑特点

平板电脑可随身携带。不仅轻薄，还带有电池，可延长用户的使用时间。启动迅速，可以稳定地连接到电子邮件、社交网络和应用，让用户随时随地获知最新资讯。另外，它还随附 Office 办公软件，即使你在旅途中，也不会影响工作效率。

平板电脑都是带有触摸识别的液晶屏，可以用电磁感应笔手写输入。平板式电脑集移动商务、移动通信和移动娱乐为一体，具有手写识别和无线网络通信功能，被称为上网本的终结者。

平板电脑按结构设计大致可分为两种类型，即集成键盘的“可变式平板电脑”和可外接键盘的“纯平板电脑”。平板式电脑本身内建了一些新的应用软件，用户只要在屏幕上书写，即可将文字或手绘图形输入计算机。

平板电脑按其触摸屏的不同，一般可分为电阻式触摸屏和电容式触摸屏。电阻式触摸一般为单点，而电容式触摸屏可分为 2 点触摸、5 点触摸及多点触摸。随着平板电脑的普及，在功能追求上也越来越高，传统的电阻式触摸已经满足不了平板电脑的需求，特别是在玩游戏方面，要求越来越高，所以平板电脑必然需要用多点式触摸屏才能令其功能更加完善。

10.6.3 代表产品——苹果 iPad

苹果 iPad，是一款苹果公司于 2010 年发布的平板电脑，定位介于苹果的智能手机 iPhone 和笔记本电脑产品之间，通体只有四个按键，与 iPhone 布局一样，提供浏览互联网、收发电子邮件、观看电子书、播放音频或视频、玩游戏等功能，如图 10-10 所示。

图 10-10 苹果（Apple）第 4 代 iPad 平板电脑

苹果 iPad 的特点主要有。

（1）输入方式多样，移动性能好。

iPad 平板电脑由于不再局限于键盘和鼠标的固定输入方式，可以采用手写和触摸的方式进行操作，因此无论是站立还是在移动中都可以进行操作。因为是纯平板式平板电脑则可以做的更加轻薄，因此在移动性能上较好。

（2）全屏触摸，人机交互更好。

使用键盘和鼠标在电脑上进行输入其实是一种人机交互的妥协，试想下如果用户通过一根手指对窗口进行拖放，用两根手指放大或者缩小照片，不是更符合人们实际的行为习惯吗？而这一切都可以在iPad平板电脑全触摸屏上实现。

（3）手捧阅读，可用作电子书。

iPad平板电脑尤其是纯平板式平板电脑，较为轻便的体积和重量，使得人们可以直接捧在手上进行操作，这样改变了人们在电脑上进行阅读的习惯。已经有适合阅读的双屏平板电脑问世了。

（4）手写识别，文字输入方便。

iPad可以像掌上电脑那样用手写笔输入文字和进行画图，还支持数字墨水技术：用户手写笔输入的文字形状不用转换成文本，就像用户用普通的笔在纸上写下的字一样，大大提高了工作效率。

（5）超强续航，电池表现出色。

虽然依然拥有轻薄的机身，但是电池续航毫不逊色。Apple官方宣传iPad在正常网页浏览状态下，电池续航能力可达10小时，但是从Wi-Fi 16GB版本测试来看，实际使用可达11.5～12小时。算是相当的出色。

（6）程序软件，丰富而且精彩。

众多应用软件支持iPad。iPad的确是一款用于娱乐和阅读的消费性产品了。AppStore中成千上万的程序可以给iPad提供更多的应用方式和娱乐效果。iPad上没有Photoshop不奇怪，各种软件的应用在很多方面上让iPad的图形制作方式和效果比在真正的计算机系统上更方便和华丽。

10.6.4 选购策略

以某知名网上商城为例，目前市场在售平板电脑有苹果、三星、联想乐Pad等20多个品牌，超过300多个产品，给用户选择购买带来了很大的余地。在选购时要充分考虑以下几方面。

（1）注意产品文字标示部分。

很多产品的机身背面都印有包括产品LOGO在内的图形文字。这种文字一般是采用特殊技术打印在其上的，因此与背板并非一体。使用过后的产品，这些图片和图形的表面都会出现不同程度的磨损，最典型的就是自己的颜色变暗，或与其他同款产品的自己色泽不同。因为在翻新过程中，因为磨具替换比较麻烦，很多黑心商家都采用了打磨的方法。这样一来，很多被磨掉的LOGO表面会出现相对反常的光泽，显得非常不协调。

（2）考虑接口部分。

接口部分通常主要是看应用比较多的USB接口和耳机接口。而TF扩展接口和HDMI接口则因为应用频率较少而不用过多在意。

此外可以通过USB接口辨别样品机，由于USB接口棱角比较分明，所以翻新过的产品会有明显的处理痕迹。除此以外还有音频接口。这两种接口内部金属部分用户可以用眼睛就能观察出来。

（3）技术开放性原则。

以苹果和其他品牌平板电脑为例，苹果采用 IOS 操作系统，其他平板大多采用安卓或 Windows 操作系统。由于苹果技术保密，操作系统就很独特造成用户为使用软件需要付出一定的经济代价；而安卓操作系统则为一开放平台，“众人拾柴火焰高”，相关应用软件和发展态势大有超越苹果的趋势。

（4）注意品牌。

好的品牌、大的品牌才会有过硬的技术保障，良好的售后服务。因此选购平板电脑要货比三家，把性价比最高的好的产品作为选择的对象。

练习题

一、填空题

1．目前笔记电脑通常采用________公司和________公司的 CPU。

2．目前笔记本电脑内存普遍采用________规格。

3．笔记本电脑硬盘的大小分为________寸和________寸两种，前者通常是笔记本电脑中普遍采用尺寸。

二、简答题

1．简述笔记本选购策略。

2．简述如何加强笔记本电脑的散热。

3．简述笔记本与超极本的区别与联系。

第 11 章　操作系统与驱动程序的安装

在微机硬件系统组装完成以后，经过 BIOS 设置、硬盘的分区格式化后，此时的微机一般称之为“裸机”。此时微机还不能为用户所用，需要安装操作系统以管理各硬件、软件资源；为了更好的管理和发挥硬件资源作用，还需要安装硬件的驱动程序，以保证硬件能够被微机系统识别，稳定良好的工作。

11.1　操作系统概述

11.1.1　操作系统功能

操作系统（Operating System，简称 OS）是管理和控制微机硬件与软件资源的微机程序，是能够直接运行在“裸机”上的最基本的系统软件，任何其他软件都必须在操作系统的支持下才能运行。操作系统是用户和微机的接口，同时也是微机硬件和其他软件的接口。

操作系统的功能包括管理微机系统的硬件、软件及数据资源；控制程序运行，改善人机界面，为其他应用软件提供支持等，使微机系统所有资源最大限度地发挥作用，提供了各种形式的用户界面，使用户有一个好的工作环境，为其他软件的开发提供必要的服务和相应的接口。实际上，用户是不用接触操作系统的，操作系统管理着微机硬件资源，同时按着应用程序的资源请求，为其分配资源，如划分 CPU 时间、内存空间的开辟、调用打印机等。如图 11-1 所示即表示出微机系统中各部分接口关系。

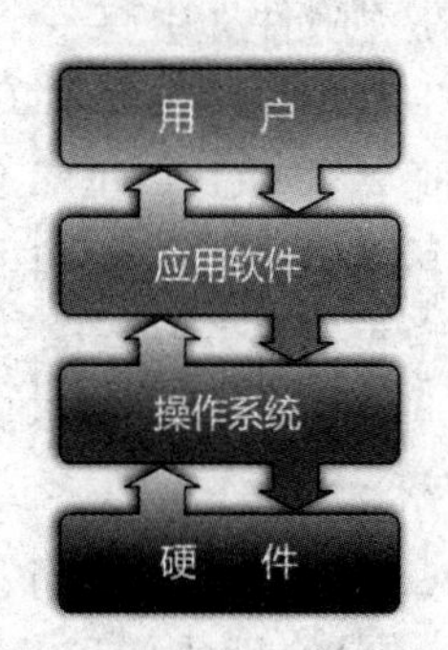

图 11-1　微机系统接口

11.1.2　常见微机操作系统

常见微机操作系统有 Windows 家族的 Windows XP、Win7 以及最新的 Win8 等，还有 Linux 操作系统中的红帽 Linux、红旗 Linux 以及中软 Linux 等。已经过时但有时还会看到用到的操作系统主要有 DOS、Windows 98、Windows ME 以及 Windows 2000 等。

1. DOS

DOS 是英文 Disk Operating System 的缩写，意思是“磁盘操作系统”。DOS 是个人计算机上的一类操作系统。从 1981 年直到 1995 年的 15 年间，DOS 在 IBM PC 兼容机市场中占有举足轻重的地位。而且，若是把部分以 DOS 为基础的 Microsoft Windows 版本，如 Windows 95、98 和 Me 等都算进去的话，那么其商业寿命至少可以算到 2000 年。即使在今天，为降低成本个别品牌微机或笔记本电脑仍会预装 DOS 操作系统。

DOS 家族包括 MS-DOS、PC-DOS、DR-DOS、FreeDOS、PTS-DOS、ROM-DOS、JM-OS 等，其中以 MS-DOS 最为著名，最自由开放的则是 Free-DOS。

微软的所有后续版本中，DOS 仍然被保留。只不过微软图形界面操作系统 Windows 9x 问世以来，DOS 只是一个后台程序的形式出现的。可以通过点击“运行”，键入 CMD 进入运行。如图 11-2 所示。

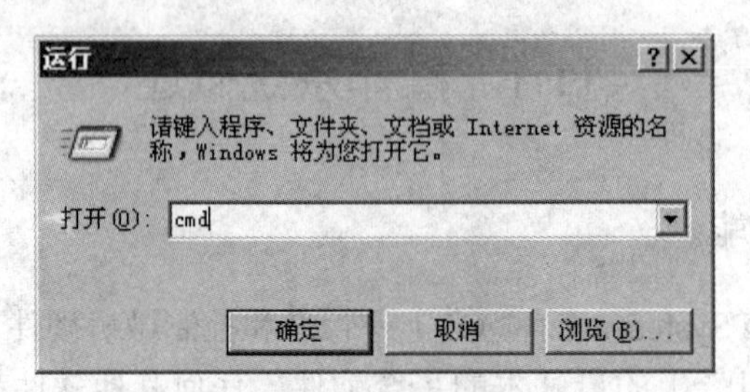

图 11-2　Windows 版本中的 DOS 运行

DOS 操作系统的优点：

- DOS 是一种个人计算机（PC）操作系统，是命令模式下的人机交互界面，人通过这个界面来运行和控制计算机，就好像两个人相互沟通。
- DOS 使用一些接近于自然语言或其缩写的命令，就可以轻松地完成绝大多数日常操作。另外，DOS 作为操作系统能有效地管理、调度、运行个人计算机各种软件和硬件资源。
- Windows XP 和 Windows 7 在“附件”中有一个“命令提示符”（CMD）。其模拟了一个 DOS 环境，可以使用相关的命令来对计算机和网络进行操作。
- 自 1998 之后 Windows 完全脱离了 DOS，虽然 DOS 过时了，命令行的批处理程序却存活下来，而且活得很好，因为它高效、简单、实用。

如果说 DOS 的缺憾那就是人机界面不够友好，需要记忆大量的 DOS 命令，功能相对简单，特别是目前流行的多媒体、网络等功能严重支持不足。

2. Windows 98

视窗操作系统 98（Windows 98），是美国微软公司发行于 1998 年 6 月 25 日的混合 16 位/32 位的 Windows 操作系统。Windows 98 全面集成了 Internet 标准，以 Internet 技术统一并简化桌面，使用户能够更快捷简易地查找及浏览存储在个人电脑及网上的信息；其次，速度更快，稳定性更佳。通过提供全新自我维护和更新功能，Windows 98 可以免去用户的许多系统管理工作，使用户专注于工作或游戏。

Windows 98 支持更多的硬件设备，与硬软件兼容性更好；具有即插即用的功能，方便设备的安装管理；改进了用户界面，界面更加爱友好，鼠标作用更为突出；不再需要 MS-DOS 支持，同时提供对DOS的支持兼容；进入32位操作系统时代，使微机处理数据能力和精度进一步提高；采用 FAT 32 文件系统，它允许把超过 2G 的硬盘格式化为一个单一驱动器，这使大磁盘上的空间得到更有效的利用，使得用户可以平均多得 28%的硬盘空间；提供了与

Internet 的连接，助力互联网时代到来，如图 11-3 所示为 Windows 98 安装盘。

图 11-3 Windows 98 安装盘

2006 年，微软宣布将从 2006 年 7 月 11 日起停止对原有 Windows 98、Windows 98 第二版和 Windows ME 的公开技术支持，包括安全更新。至此，宣布 Windows 98 退出历史舞台。

3. Windows XP

Windows XP 中文全称为“视窗操作系统体验版”。是微软公司于 2001 年 10 月 25 日发布的一款视窗操作系统。微软最初发行了两个版本，家庭版（Home）和专业版（Professional）。家庭版的消费对象是家庭用户，专业版则在家庭版的基础上添加了新的为面向商业的设计的网络认证、双处理器等特性。且家庭版只支持 1 个处理器，专业版则支持 2 个。字母 XP 表示英文单词的“体验”（experience）。2011 年 7 月初，微软表示将于 2014 年春季彻底取消对 Windows XP 的所有技术支持，如图 11-4 所示为 Windows XP 安装盘。

图 11-4 Windows XP 安装盘

由于 Windows XP 统治时间长，应该说在过去的是多年中占据着微机操作系统的制高点，具有稳定性高、兼容性好的特点，同时受使用习惯、现有微机硬件状况的制约，Windows XP 会在一定时期内被人们使用。

微软用了十年的时间修复 Windows XP 系统漏洞。尽管很多人会提起 XP SP2 发布前的时代，系统联网就会受到感染，但那个时代早已过去。使用任何一台 Windows 电脑，用户都需要注意恶意软件，但多数用户仍然对这款 11 周岁的系统乐此不疲。

另一个重要因素就是由于 XP 从 2001 年发行到 2013 年，目前很多用户都是在数年前购置这款系统。如果决定升级 Windows 7，就需要购置一台新电脑，以适应 Windows 7 对硬件的要求。不可避免会带来经济上的一些负担。

更为关键的是 Windows XP 仍然可以做很多事。由于 Win7 系统与 Windows XP 在应用程序上存在不兼容性，很多过去用户熟悉的程序只有通过 Windows XP 才能完成各种工作；同时，一些新技术和新服务，如 Firefox 7，Chrome 15，Office 2010，Adobe Photoshop CS5, iTunes 和 Adobe Flash Player 11 等新版程序都支持 XP 系统。保证了 Windows XP 能够继续被用户接受，仍然能够为用户做很多事情。

4. Win7

Windows 7 是由微软公司（Microsoft）开发的操作系统，核心版本号为 Windows NT 6.1。Windows 7 可供家庭及商业工作环境、笔记本电脑、平板电脑、多媒体中心等使用。2009 年 7 月 14 日 Windows 7 RTM（Build 7600.16385）正式上线，2009 年 10 月 22 日微软于美国正式发布 Windows 7。2011 年 2 月 23 日凌晨，微软面向大众用户正式发布了 Windows 7 升级补丁——Windows 7 SP1，如图 11-5 所示为安装盘。

图 11-5 Windows 7 Home Premium 安装盘

Win7 已成为目前微型机操作系统的首选，主要具有以下系统特色：

- 易用性

Windows 7 做了许多方便用户的设计，如快速最大化，窗口半屏显示，跳转列表（Jump List），系统故障快速修复等。

Windows 7 让搜索和使用信息更加简单，包括本地、网络和互联网搜索功能，直观的用户体验将更加高级，还会整合自动化应用程序提交和交叉程序数据透明性。

- 速度快

Windows 7 大幅缩减了 Windows 的启动时间，据实测，在 2008 年的中低端配置下运行，系统加载时间一般不超过 20 秒，这比 Windows Vista 的 40 余秒相比，是一个很大的进步。

- 安全性

Windows 7 包括了改进了的安全和功能合法性，还会把数据保护和管理扩展到外围设备。Windows 7 改进了基于角色的计算方案和用户账户管理，在数据保护和坚固协作的固有冲突之间搭建沟通桥梁，同时也会开启企业级的数据保护和权限许可。

- 效率高

Windows 7 中，系统集成的搜索功能非常的强大，只要用户打开开始菜单并开始输入搜索内容，无论要查找应用程序、文本文档等，搜索功能都能自动运行，给用户的操作带来极大的便利。

- 工具丰富

Windows 7 的小工具更加丰富，通过集成网络工具、多媒体工具等能够帮助用户轻松完成各项工作，而不需要用户再次购买相应程序。

- 强大的网络功能

Windows 7 具有虚拟 Wi-Fi 功能，能够让微机变身路由器，轻松实现网络共享；同时家庭组能够使用户轻松实现硬件和数据共享。

5. Linux

Linux 是一种自由和开放源码的类 UNIX 操作系统，存在着许多不同的 Linux 版本，但它们都使用了 Linux 内核。Linux 可安装在各种计算机硬件设备中，比如手机、平板电脑、路由器、视频游戏控制台、台式计算机、大型机和超级计算机。Linux 是一个领先的操作系统，世界上运算最快的 10 台超级计算机运行的都是 Linux 操作系统。

Linux 是一套免费使用和自由传播的类 UNIX 操作系统，是一个基于 POSIX 和 UNIX 的多用户、多任务、支持多线程和多 CPU 的操作系统。它能运行主要的 UNIX 工具软件、应用程序和网络协议。它支持 32 位和 64 位硬件。Linux 继承了 UNIX 以网络为核心的设计思想，是一个性能稳定的多用户网络操作系统。它主要用于基于 Intel x86 系列 CPU 的计算机上。这个系统是由全世界各地的成千上万的程序员设计和实现的。其目的是建立不受任何商品化软件的版权制约的、全世界都能自由使用的 UNIX 兼容产品。

Linux 以它的高效性和灵活性著称，Linux 模块化的设计结构，使得它既能在价格昂贵的工作站上运行，也能够在廉价的 PC 机上实现全部的 UNIX 特性，具有多任务、多用户的能力。Linux 是在 GNU 公共许可权限下免费获得的，是一个符合 POSIX 标准的操作系统。Linux 操作系统软件包不仅包括完整的 Linux 操作系统，而且还包括了文本编辑器、高级语言编译器等应用软件。它还包括带有多个窗口管理器的 X-Windows 图形用户界面，如同用户使用 Windows NT 一样，允许用户使用窗口、图标和菜单对系统进行操作。

常见的 Linux 版本有 Redhat，使用用户众多，目前很多资料都基于 Redhat Linux；Debian，支持资料也很丰富，在个人用户、服务器广泛使用；Gentoo，适合桌面系统的 Linux；CentOS 版本是个非常优秀稳定的服务器版本 Linux。在国内，红旗 Linux 是中国较大、较成熟的 Linux 发行版之一，包括桌面版、工作站版、数据中心服务器版、HA 集群版和红旗嵌入式 Linux 等产品。此外 Linux 版本还有 SUSE、CentOS 、Fedora 以及中软等，用户可以根据个人需要进行对比选择。

11.2 安装操作系统

11.2.1 安装前的准备

目前常用的 Windows 操作系统有 Windows XP 和 Windows 7 两个。Windows 操作系统的安装过程大同小异，一般都分为三个过程：

（1）运行安装程序。

（2）运行安装向导。

（3）安成安装。

在安装前要确定不同操作系统对硬件的需求，下面是两个常见操作系统的推荐配置，详见表 11-1 和表 11-2。

表 11-1　Windows XP 推荐配置

设备名称	推荐配置	备注
CPU	时钟频率为 300MHz 或更高的处理器	
内存	128MB RAM 或更高	最低支持 64M
硬盘	至少 1.5GB 可用硬盘空间	
显示卡和监视器	640×480 或分辨率更高的视频适配器和监视器	
其他设备	CD-ROM 或 DVD 驱动器，键盘和 Microsoft 鼠标或兼容的指针设备	

表 11-2　Windows 7 推荐配置

设备名称	推荐配置	备注
CPU	1GHz 及以上的 32 位或 64 位处理器	Windows 7 包括 32 位及 64 位两种版本，如果您希望安装 64 位版本，则需要支持 64 位运算的 CPU 的支持
内存	1GB（32 位）/2GB（64 位）	最低允许 1GB
硬盘	20GB 以上可用空间	不要低于 16GB，参见 Microsoft
显卡	有 WDDM1.0 驱动的支持 DirectX 10 以上级别的独立显卡	显卡支持 DirectX 9 就可以开启 Windows Aero 特效
其他设备	DVD R/RW 驱动器或者 U 盘等其他储存介质	安装使用

推荐配置是保证顺畅运行的硬件要求，在实际使用中由于还要运行各种应用软件，以上配置还远远不能满足日常使用的需要，建议在实际中根据个人实际情况尽量增加硬件配置，保证微机顺畅运行。

11.2.2　安装中文 Windows XP

Windows XP 是目前最常用的操作系统之一。下面将介绍 Windows XP 操作系统安装的方法和步骤。

安装方式有三种：升级安装、全新安装和多系统共享安装。全新安装 XP 是一种最干净的安装方式，如果微机没有安装操作系统，就可以进行全新安装，可以对硬盘重新分区和格式化后再进行安装，也可以选择在另一个驱动器或分区上安装，还可以在安装过程中选择对硬盘分区和格式化。具体步骤如下。

第一步：开机按 Del 键或 F2 进入 BIOS 设置，将微型计算机的启动模式调成从光盘启动，也就是从 CDROM 启动。

第二步：启动机器，插入 XP 的安装光盘，等待光盘引导。当出现 press any key to boot from cd...时，按任意键进行引导。

第三步：在安装 XP 之前，如果需要对硬盘分区和格式化，详细步骤参见“9.3.3 分区及高级格式化操作方法”。

第四步：在“区域和语言选项”页面上，根据需要添加语言支持和更改语言设置，如图

11-6 所示。这期间用户仅需要根据向导提示输入一些必需的信息，如用户名、单位、序列号等，其他就按屏幕提示进行即可。单击“下一步”按钮。

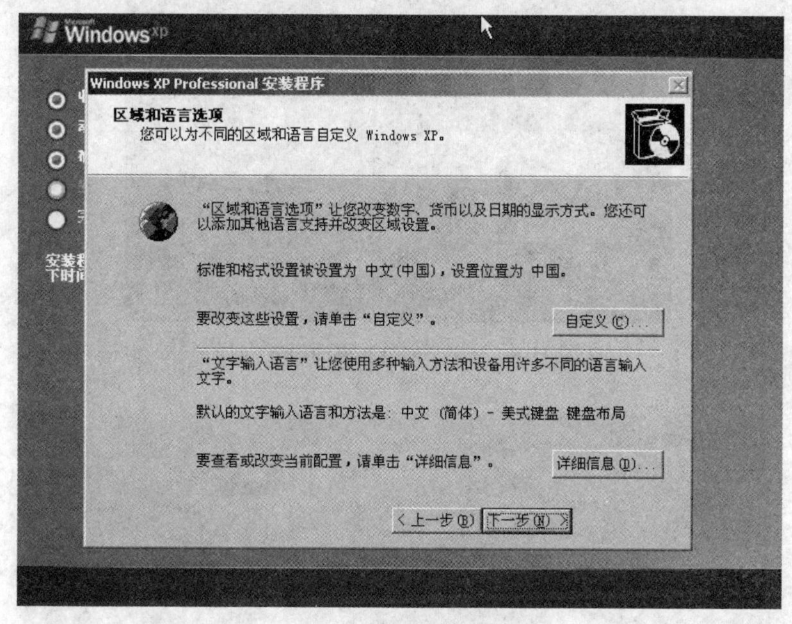

图 11-6　区域和语言选项

第五步：此后安装程序便开始复制文件、安装和配置系统。其间会有几次重新启动，整个过程基本上是自动进行的，无须人工干预，如图 11-7 所示。

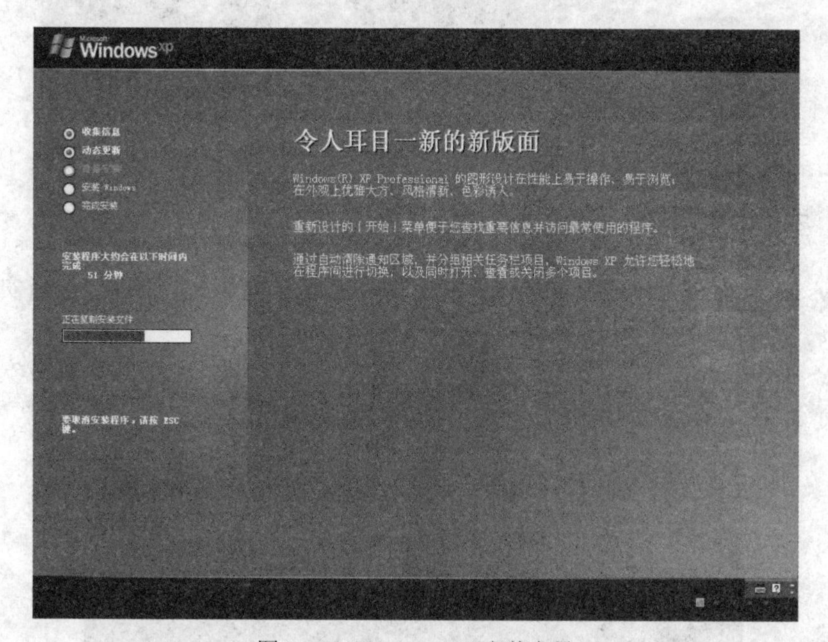

图 11-7　Windows XP 安装向导

第六步：在安装程序完成后，计算机会启动到 Windows XP 桌面设置向导，如图 11-8 所示，之后需要创建用户账户。

第七步：进行完以上步骤之后，进入 Windows 桌面，安装结束，如图 11-9 所示。

图 11-8　Windows XP 桌面设置向导

图 11-9　Windows XP 安装成功界面

11.2.3　安装中文 Windows 7

Windows 7 系统同样有全新安装和恢复安装等其他安装方式，下面以全新安装为例展示其安装过程。

第一步：将 Windows 7 的安装光盘插入光驱，从光盘启动安装程序，加载安装文件。如图 11-10 所示。

图 11-10　Windows 7 加载文件

第二步：屏幕出现 Windows 7 安装界面。所有选项保持默认状态即可。如图 11-11 所示。

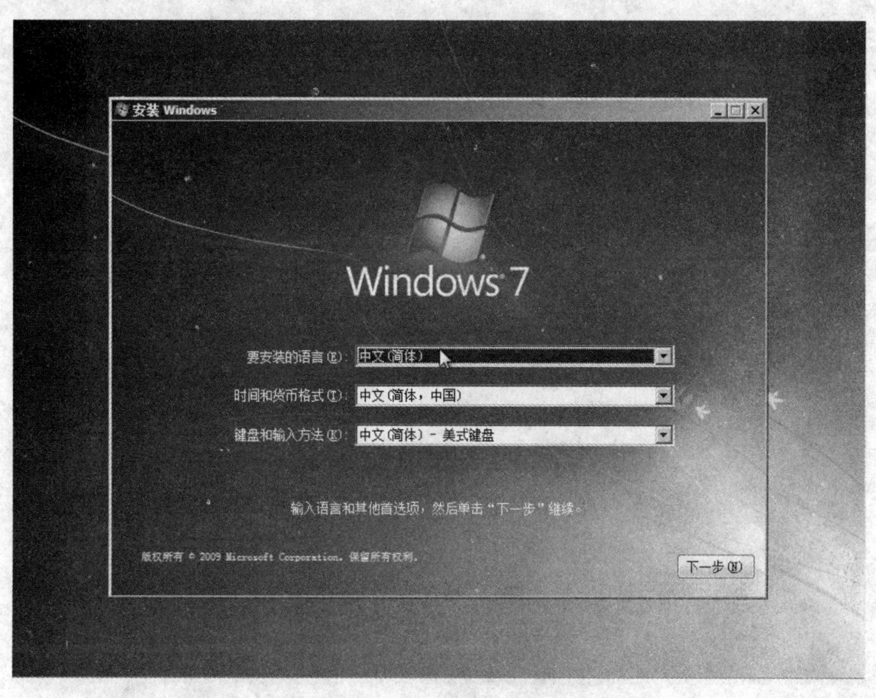

图 11-11　Windows 7 安装界面

第三步：接下来的步骤是同意许可条款，选择“我接受许可条款”单选按钮，点击“下一步”按钮继续。进入分区界面，如果电脑之前已经分好区了，就可以跳过这个步骤，点击“下一步”按钮继续。如果没有分区，则点击“驱动器选项（高级)”。如图 11-12 所示。

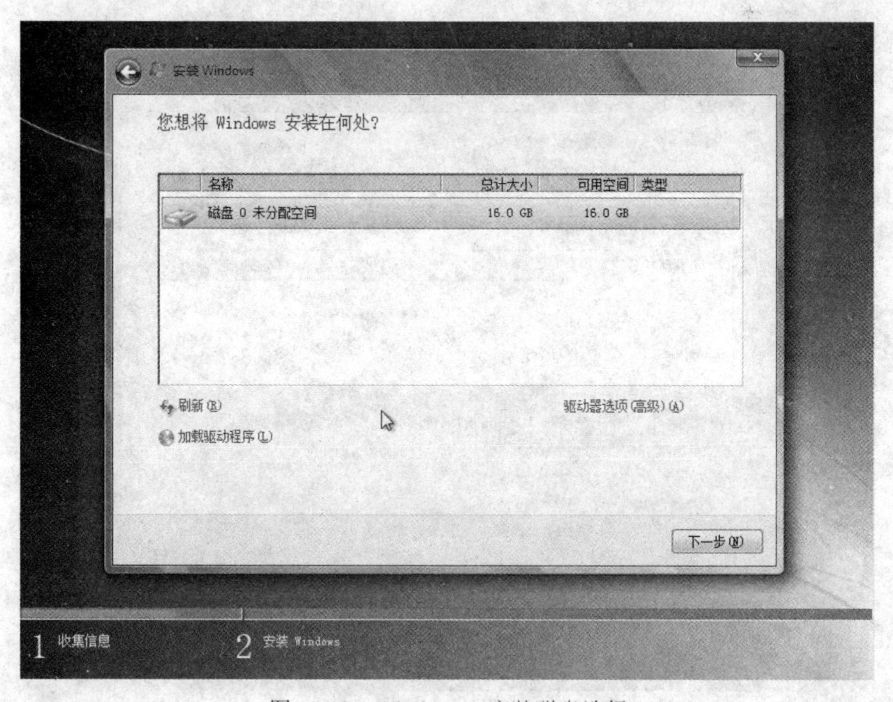

图 11-12　Windows 7 安装磁盘选择

第四步：点击“新建”创建分区，设置分区容量，如图 11-13 所示，点击“下一步”按钮。

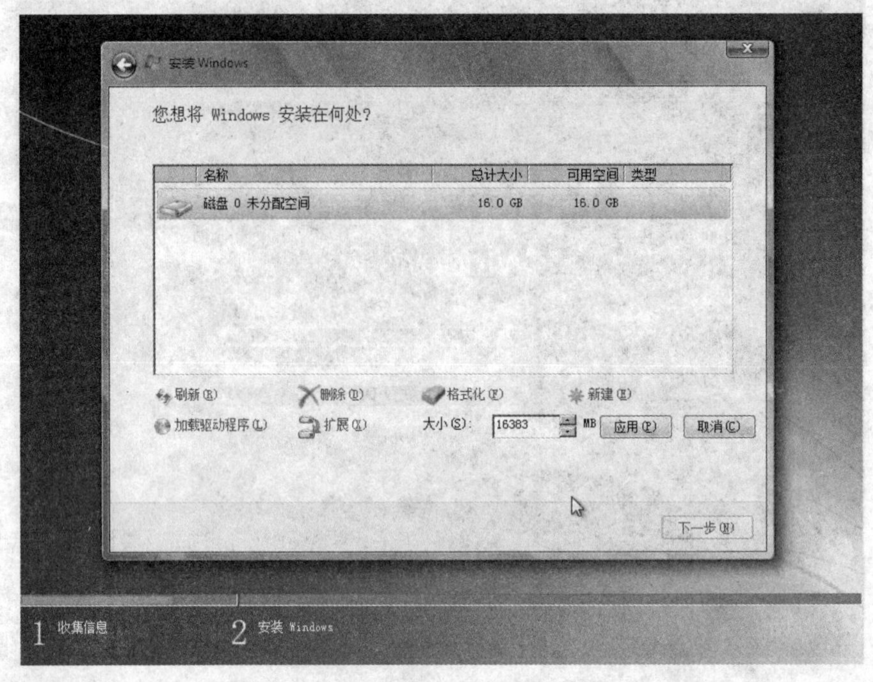

图 11-13　Windows 7 创建分区

第五步：创建好 C 盘之后，在分区列表中会看到，除了 C 盘和一个未划分的空间，还有一个 100M 的空间。如果是在全新硬盘，或删除所有分区后重新创建所有分区，Windows 7 系统会自动生成一个 100M 的空间用来存放 Windows 7 的启动引导文件，如图 11-14 所示。

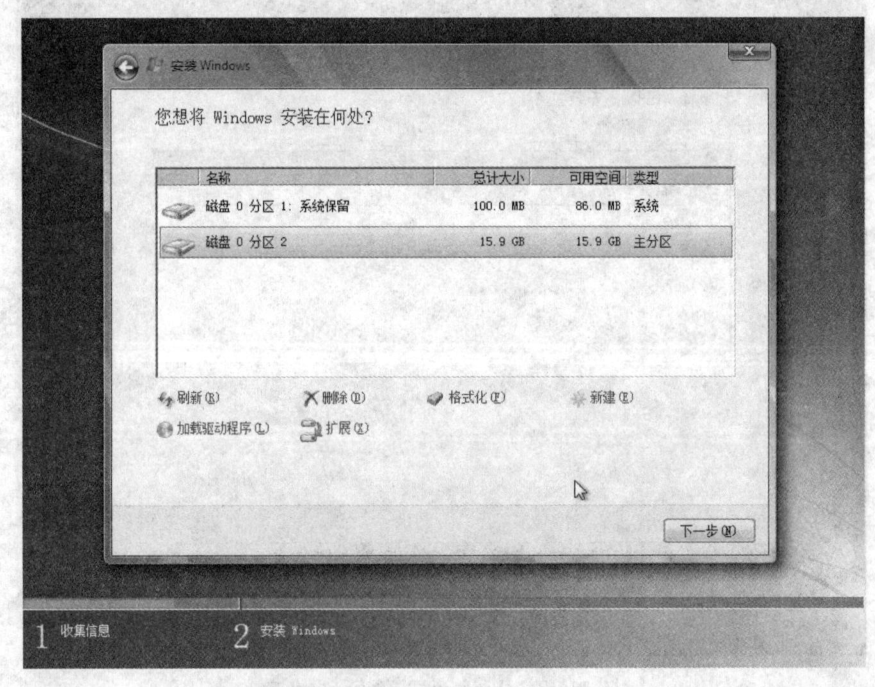

图 11-14　Windows 7 分区

第六步：选择要安装系统的分区，点击“下一步”按钮。新电脑或已经有系统的电脑都最好选择磁盘 0 分区 1，即我们常说的 C 盘来安装。系统开始自动安装，如图 11-15 所示。

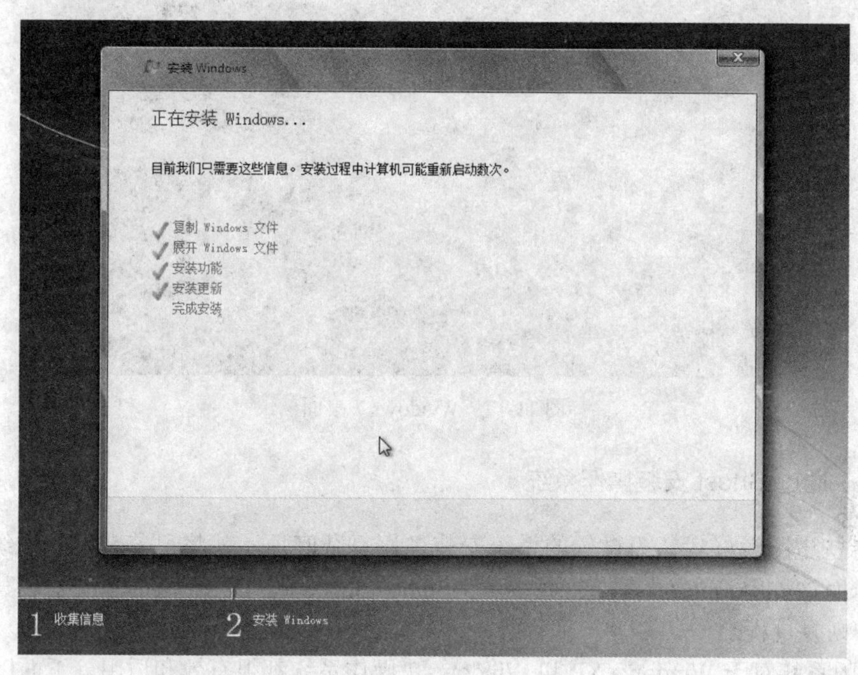

图 11-15　Windows 7 安装

第七步：完成检测后，会进入创建用户账户和密码界面，如图 11-16 所示。

图 11-16　Windows 7 登录界面

第八步：最后进入系统，显示 Windows 7 系统桌面，完成安装，如图 11-17 所示。

图 11-17 Windows 7 桌面

11.2.4 通过 Ghost 安装操作系统

国内有些电脑爱好者认为微软的系统安装过程复杂麻烦，就将已安装好的系统用 Ghost 打包封装，而这种用 Ghost 封装好的系统就叫 Ghost 版系统。Ghost 版的系统安装其实就是一个 Ghost 的恢复过程。

Ghost 版系统对于 Windows XP 和 Windows 7 操作系统都很有效和适用，下面以 Windows XP 为例，说明通过 Ghost 安装操作系统的方法。

第一步：设置光盘启动，参照 9.2.2 节，如已经是就不用再设置。

第二步：光盘启动引导系统，出现如图 11-18 所示画面，最为便捷的方法就是选择“一键恢复系统到 C 盘”的菜单项，需要说明的是：目前 Ghost 工具很多，每个工具都有自己的特点和不同的菜单，但基本功能大同小异，用户不用担心。

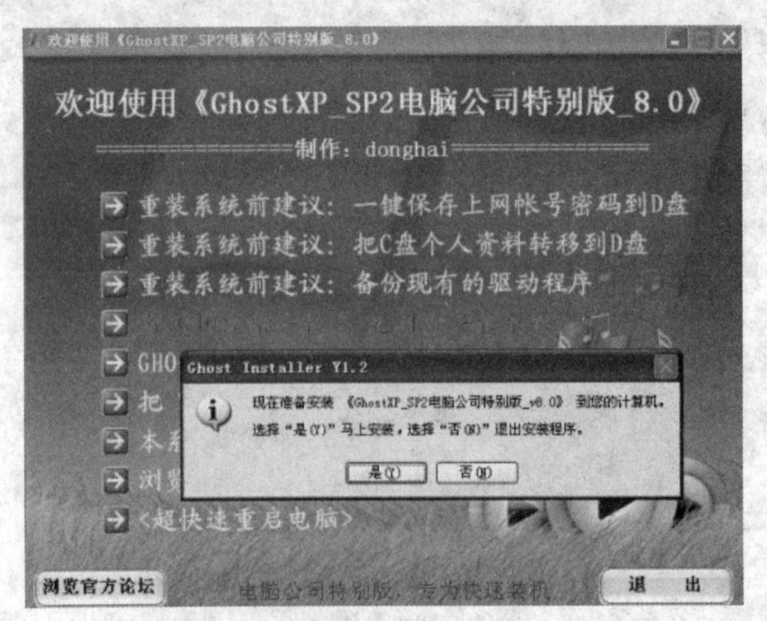

图 11-18 Ghost 版系统界面

第三步：安装向导自动使用 Ghost 进行系统安装，如图 11-19 所示。此过程所需时间根据电脑配置决定，一般在 5～15 分钟左右，结束后自动重新启动。

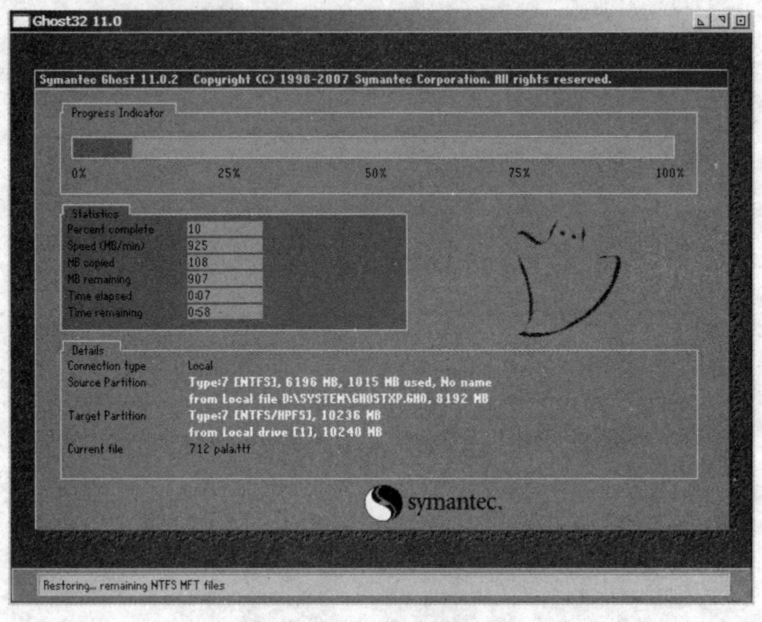

图 11-19　Ghost 安装界面

第四步：重启微机后，就可以看到已成功安装完成的系统了。如图 11-20 所示。

图 11-20　Ghost 系统安装完成

11.2.5　通过 U 盘安装操作系统

第一步：通过 U 盘安装操作系统类似于光盘 Ghost 恢复系统，也需要首先利用 Ghost 封装指定盘操作系统，如 C 盘为.GHO 文件。

第二步：利用工具软件把 U 盘制成 USB-HDD 或 USB-ZIP 模式的启动引导盘，如图 11-21 所示。

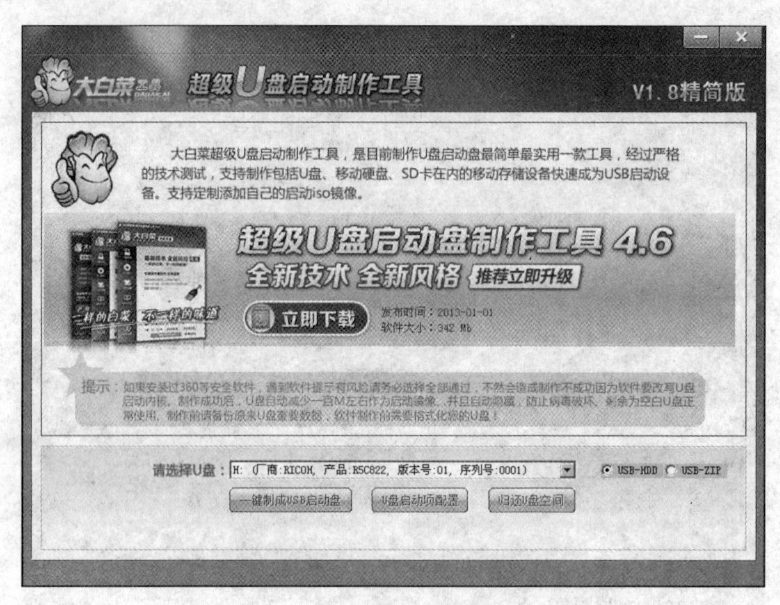

图 11-21　大白菜超级 U 盘启动制作工具

第三步：把个人封装或光盘上的 Ghost 文件.GHO 拷到 U 盘上。

第四步：把微机的第一启动项设置为对应的 USB-HDD 或 USB-ZIP 启动，然后重新启动微机。

第五步：重复 11.2.4 中第二步、第三步和第四步即可。

11.3　安装主机设备驱动程序

驱动程序（Device Driver），全称为“设备驱动程序”，是一种可以使计算机和设备通信的特殊程序，概念上属于系统软件。驱动程序可以说相当于硬件的接口，操作系统只有通过这个接口，才能控制硬件设备的工作，假如某设备的驱动程序未能正确安装，便不能正常工作。因此，驱动程序被誉为“硬件的灵魂”、“硬件的主宰”和“硬件和系统之间的桥梁”等。

11.3.1　驱动程序分类

驱动程序可以界定为官方正式版、微软 WHQL 认证版、第三方驱动、发烧友修改版、Beta 测试版。

1．官方正式版

官方正式版驱动是指按照芯片厂商的设计研发出来的，经过反复测试、修正，最终通过官方渠道发布出来的正式版驱动程序，又名公版驱动。通常官方正式版的发布方式包括官方网站发布及硬件产品附带光盘这两种方式。稳定性、兼容性好是官方正式版驱动最大的亮点，同时也是区别于发烧友修改版与测试版的显著特征。因此推荐普通用户使用官方正式版，而喜欢尝鲜、体现个性的朋友则推荐使用发烧友修改版及 Beta 测试版。

2. 微软 WHQL 认证版

WHQL 是 Windows Hardware Quality Labs 的缩写，意为 Windows 硬件质量实验室。是微软对各硬件厂商驱动的一个认证，是为了测试驱动程序与操作系统的相容性及稳定性而制定的。也就是说通过了 WHQL 认证的驱动程序与 Windows 系统基本上不存在兼容性的问题。

3. 第三方驱动

第三方驱动一般是指硬件产品OEM厂商发布的基于官方驱动优化而成的驱动程序。第三方驱动拥有稳定性、兼容性好，基于官方正式版驱动优化并比官方正式版拥有更加完善的功能和更加强劲的整体性能的特性。因此，对于品牌机用户来说，笔者推荐用户的首选驱动是第三方驱动，第二选才是官方正式版驱动；对于组装机用户来说，第三方驱动的选择可能相对复杂一点，因此官方正式版驱动仍是首选。

4. 发烧友修改版

提到发烧友修改版首先就联想到了显卡。一直以来，发烧友通常都被用来形容游戏爱好者。而发烧友修改版的驱动最先就是出现在显卡驱动上的，由于众多发烧友对游戏的狂热，对于显卡性能的期望也就是比较高的，这时候厂商所发布的显卡驱动就往往都不能满足游戏爱好者的需求了，因此经修改过的以满足游戏爱好者更多的功能性要求的显卡驱动也就应运而生了。如今，发烧友修改版驱动又名改版驱动，是指经修改过的驱动程序，而又不专指经修改过的驱动程序。

5. 测试版驱动

测试版驱动是指处于测试阶段，还没有正式发布的驱动程序。这样的驱动往往具有稳定性不够、与系统的兼容性不够等BUG。尝鲜和风险总是同时存在的，所以对于使用Beta测试版驱动的用户要做好出现故障的心理准备。

11.3.2　驱动程序的安装

1. 驱动程序的下载或获取

驱动程序的获取主要由以下几种情况：

（1）组装机的很多配件在购买时都带有驱动光盘，这些光盘一定要妥善保存，日后重装操作系统时可能会用到。

（2）品牌机在出厂时都会预装操作系统和驱动程序，甚至一些应用软件。品牌机在购买时，也会附带一些光盘，最重要的就是系统恢复光盘和驱动程序光盘。

（3）组装机的很多配件驱动可以到配件的官方网站下载。

（4）品牌机用户丢失了驱动程序光盘，可以去品牌机的官方网站寻找并下载所需的驱动程序。

（5）可以到专业网站下载，如中关村在线、驱动之家等。

2. 驱动程序的安装顺序

驱动程序的安装顺序也是一件很重要的事情，它不仅与系统的正常稳定运行有很大的关系，而且还会对系统的性能有巨大影响。在平常的使用中因为驱动程序的安装顺序不同，从而造成系统程序不稳定，经常出现错误现象重新启动计算机甚至黑屏死机的情况并不少见。正常的驱动程序安装顺序为：

第一步，安装主板驱动。

一般情况下，如果主板不安装驱动程序也能工作，但不能在最佳状态工作。主板驱动主要用来开启主板芯片组内置功能及特性。

第二步，安装显卡、声卡、网卡、调制解调器等插在主板上的板卡类驱动。

第三步，装打印机、扫描仪、读写机这些外设驱动。

11.3.3 驱动程序的安装方法

驱动程序安装一般方法有：程序安装法、向导安装、工具安装。

1. 程序安装法

现在硬件厂商已经越来越注重其产品的人性化，其中就包括将驱动程序的安装尽量简单化，所以很多驱动程序里都带有一个 Setup.exe 可执行文件，只要双击它，然后一路 Next 就可以完成驱动程序的安装。有些硬件厂商提供的驱动程序光盘中加入了 Autorun 自启动文件，只要将光盘放入到电脑的光驱中，光盘便会自动启动，甚至进行一键安装。

对于下载的驱动程序文件，解压后通过执行 Setup.exe 等可执行文件，也可以完成驱动程序的安装。

2. 向导安装法

分两种情况：一种是当微机检测到即插即用硬件时，会弹出“找到新的硬件向导”对话框，如图 11-22 所示；第二种情况是设备管理器，找到安装或更新硬件的设备，通过右键单击该设备，然后选择“更新驱动程序”，会弹出一个“硬件更新向导”对话框，如图 11-23 所示。

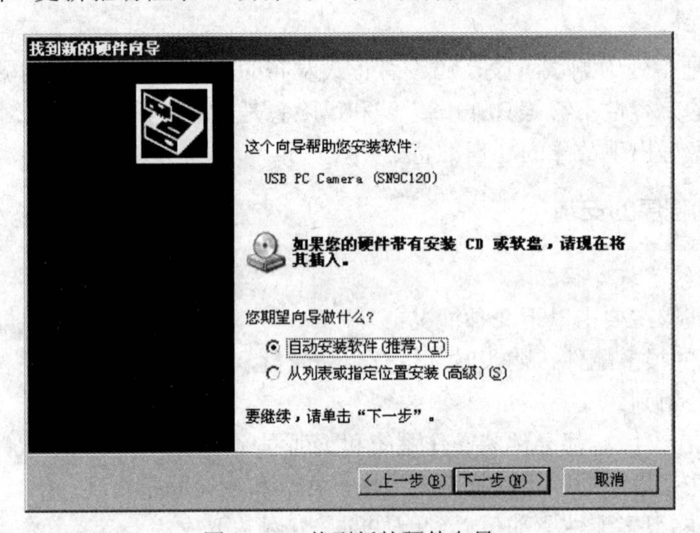

图 11-22 找到新的硬件向导

出现向导对话框后可尝试让其自动安装驱动程序，选择“自动安装软件”，然后单击“下一步”按钮，如果操作系统里有包含了该设备的驱动程序，操作系统就会自动为其安装上，也就完成了驱动程序的安装。

也可以通过选择“从列表或指定位置安装（高级）”选项，再接着在弹出的窗口里把“搜索可移动媒体”选中即可，如果在硬盘里，则把“在搜索中包括这个位置”前面的复选框勾上，然后单击“浏览”。找到已准备好的驱动程序文件夹，要注意的是很多硬件厂商会把其生产的很多类型的硬件设备驱动都压制在一张盘中，而且还会有不同的操作系统版本，如 For Win2K（Win2000）、For WinXP 和 For Win7 等，要注意选择正确的设备和操作系统版本。单击“确定”之后，单击“下一步”按钮即可，只要选择正确，就可以很快完成这个设备的驱动程序安装，如图 11-23 和图 11-24 所示。

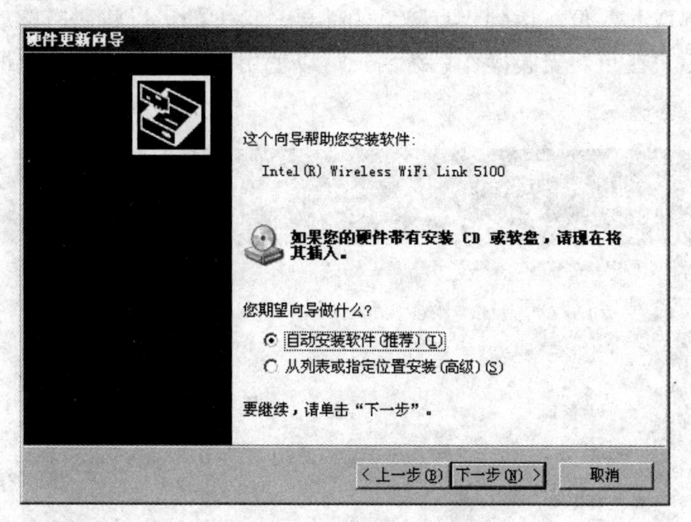

图 11-23　硬件更新向导

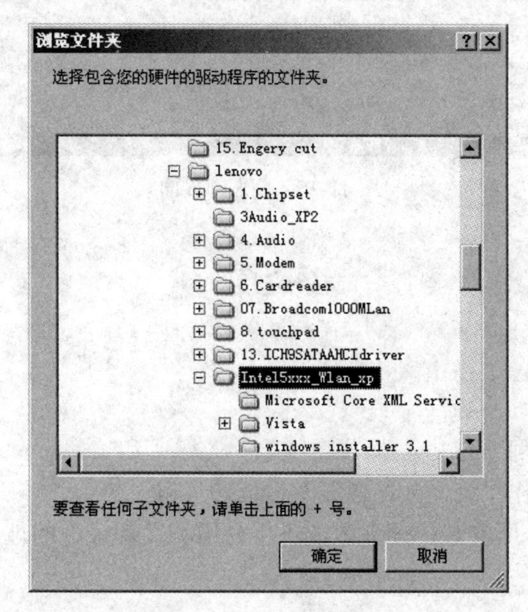

图 11-24　驱动程序文件夹

3. 工具安装法

如果用户找不到合适的驱动程序或忘记了电脑硬件的具体型号，无法在网上搜索并下载驱动程序，现在有很多的工具软件可以帮助用户查找需要升级更新或没有安装的驱动程序，常用的主要有：鲁大师、驱动精灵等。

下面以“鲁大师”工具软件为例，其运行界面如图 11-25 所示。

鲁大师是“360 安全卫士”提供的免费软件，支持 Windows XP/Vista/7 等多款主流操作系统。它是一款集驱动管理、硬件检测电脑优化于一体的、专业级的驱动管理和维护工具。鲁大师为用户提供驱动安装、驱动恢复、驱动备份等实用功能。

另外除了驱动备份恢复功能外，还提供了温度监测、性能测试、电脑优化等功能。鲁大师功能非常强大，对于手头上没有驱动程序光盘的用户十分实用，用户可以通过它对系统中的驱动程序进行提取并备份，达到“克隆”的效果。鲁大师可以将所有驱动程序制作到一个可执行文件中，用户在重新安装操作系统后，可以使用这个文件一键还原所有的驱动程序，非常方便快捷。

图 11-25　鲁大师界面

练习题

一、填空题

1．目前最常用的两种 Windows 操作系统是________和________。

2．组装机安装了操作系统之后，还要对主板芯片组、________、________、________等硬件安装驱动程序，这样所安装的硬件才能正常使用和发挥最好的性能。

二、简答题

简述品牌机驱动程序的安装需要注意哪些问题。

三、操作题

使用鲁大师完成驱动程序的升级和备份。

第 12 章　微机维护与故障诊断

作为精密的设备，微机在日常使用过程中需要定期对软、硬件进行维护，才能保证其正常运行。正确的微机维护能够提高微机性能，延长其使用寿命。

作为电子部件的微机，硬件系统是其基础，软件是其灵魂，工作过程中的故障也在所难免，因此微机的维护还应该包括微机的硬件、软件故障的诊断排除，以保证微机的正常高效工作。

12.1　微机维护

微机的维护包括微机的硬件维护、软件维护两方面，两方面相辅相成，缺一不可。

12.1.1　硬件日常维护

硬件维护是指在硬件方面对微机进行维护，它包括微机的使用环境和各种器件的日常维护等。

1. 环境要求

目前微机对使用环境的要求并不十分苛刻，但也有基本的要求，否则会影响微机硬件的使用寿命，通常微机的环境要求主要如下。

（1）清洁。

灰尘是微机的第一大敌。据研究统计显示，由于灰尘而导致的微机硬件故障，占据微机维修案例的 70%以上。普通的环境下，一台微机在使用了几个月后，打开主机，电源、CPU、内存、风扇、各种板卡以及各种外设的死角上就会大量沉积灰尘。后果轻则造成微机在运行程序时经常缓慢、死机或者系统崩溃，引起数据资料的损失，重则导致烧毁机器硬件，引起经济上的不必要损失。

因此，微机应该放置在一个清洁的环境中，并且做到定期的除尘，减轻灰尘对硬件的影响。

（2）通风。

微机在工作时，会产生并散发出大量的热量。若散热不好，硬件长期在高温环境下工作，会影响硬件的性能发挥，大大减少微机使用寿命，所以要保持主机箱周围开阔无覆盖，同时注意室内通风良好。

更为重要的是，主机内的风扇对于机箱内空气循环至关重要。因此，保证主机内各风扇的正常运转是通风的重要因素。

（3）温度和湿度要求。

理论上，微机的工作环境温度、湿度要求如表 12-1 所示。但实际生活中，特别是家庭用户很难达到这样一个标准。

（4）供电要求。

微机对电源的要求是交流 220V±10%，频率为 50Hz±5%。若电源波动范围超出上述限制会影响微机的正常工作。

表 12-1　微机温度湿度要求

项目	夏季	冬季
温度	23±3℃	20±3℃
相对湿度	35%～75%	

若微机现场还有用电设备，如复印机、空调机等，微机不能与这些设备共用一个电源插座，应当使用独立电源插座。必须要有良好的接地系统作为安全保证。

2. 常用维护工具

常用的维护工具有除尘毛刷、鼓风机（或皮囊）、清洁剂以及清洁盘等。

（1）专用毛刷和鼓风机。

专用毛刷和鼓风机主要用于清除微机主机内部和外部的灰尘，保证微机的清洁和高性能工作。电脑专用毛刷和鼓风机如图 12-1 所示。

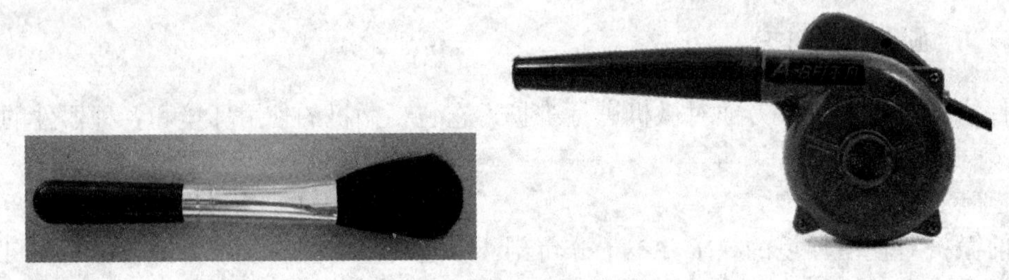

图 12-1　专用毛刷和鼓风机

（2）清洁剂。

显示器表面聚积的静电吸附了空气中的灰尘，影响显示效果。所以清洁显示器和微机其他部件表面的灰尘也十分必要。清洁时，要选用显示器专用清洁剂，切不可使用伪劣新产品。清洁方法很简单，用干净的软布等蘸上专用清洁剂反复擦拭显示器等部件的表面。电脑专用清洁剂种类繁多，希望大家谨慎购买。

（3）清洁光盘。

清洁光盘也是一种特殊的盘片，并配有清洁剂。光驱的激光头如果沾染灰尘，在读写过程中，就会影响所发出的激光强度，也会使光驱不能正确读出数据，所以每隔一定的时间应对其进行清洁。清洁时，使用清洁光盘。电脑专用清洁光盘如图 12-2 所示。

图 12-2　清洁光盘

3. 常见维护操作

常见维护操作主要有清洁主板、散热风扇、光驱、鼠标键盘和显示器。各个不同硬件维护操作不尽相同，以清洁散热风扇为例，在清洁 CPU 散热风扇时，一般是将它拆下来进行的。包括用刷子顺着风扇马达轴心边转边刷以清除扇叶灰尘，同时对散热片也要一起刷，这样才能达到清洁效果。尤为重要的是由于风扇经过长期运转，在转轴处积了不少灰尘。揭开风扇下面的不干胶，滴一点缝纫机油，然后贴好不干胶，可以起到很好的润滑作用。

清洁光电鼠标时，可以用软纱布蘸少许的清洁液或无水酒精，擦拭其外壳与底座即可。清洁键盘时，首先将键盘倒过来，使有键的面向下，轻轻地敲打键盘背面，有些碎屑可以落下来，但不可用力过猛。然后，再将键盘翻过来，用鼓风机进行清理。必要时，也可以拆下键盘四周的固定螺钉，打开键盘，用软纱布蘸无水酒精或清洁剂，对内部进行清洗，晾干以后，再安装好即可。

12.1.2　软件日常维护

日常生活中，在使用微机时应注意以下事项。

（1）硬件驱动程序尽量安装厂商自带驱动程序，不盲目使用第三方驱动程序。

（2）在安装一个新软件之前，应充分考虑其与系统的兼容性，防止意外发生。

（3）安装杀毒软件，随时更新系统漏洞，保证微机系统安全稳定运行。如可以安装 360 安全卫士，可以帮助系统及时更新操作系统补丁程序、防毒杀毒以及软硬件检测等，保证危机正常运行。

（4）删除已安装的软件时，应使用软件自带的卸载程序或控制面板中的“添加或删除程序”功能。

（5）及时进行磁盘碎片整理和磁盘清理，预防软件故障的发生。

（6）随时监控系统资源的占用情况，在出现非法操作和蓝屏的时候，仔细分析提示信息产生的原因。

12.2　微机的硬件故障及诊断

12.2.1　硬件故障

硬件故障是由硬件引起的故障，涉及主板、CPU、内存、各种板卡、显示器、电源等。常见的硬故障有如下表现。

（1）硬件部件工作故障，微机中显示器、键盘、磁盘驱动器、鼠标等硬件产生的故障，造成系统工作不正常。

（2）电路故障，电源、线路问题造成系统供电不正常，而使微机工作不稳定。

（3）接口卡、芯片、电子元器件松动脱落、接触不良而使微机不能正常运行。

（4）微机散热系统故障造成电子元器件或芯片温度升高，造成微机系统工作不稳定或死机。

（5）系统硬件不兼容，造成资源冲突，使得微机系统不能正常工作等。

12.2.2 硬件故障的常用诊断方法

目前，微机硬件故障的常用诊断方法主要有以下几种。

（1）清洁法。

对于使用环境较差或使用较长时间的微机，应首先进行清洁。首先，用毛刷轻轻刷去主板、外设上的灰尘。其次，由于板卡上一些插卡或芯片采用插脚形式，所以，震动、灰尘等其他原因常会造成引脚氧化，接触不良。可用橡皮擦去表面氧化层，重新插接好后，开机检查故障是否被排除。

（2）排除法。

采用由软到硬，由外到内，由大到小，由宏观到微观的原则进行排除微机故障。如果微机不能启动，首先排除软件故障，第二确保主机和显示器等设备外部电源、数据线连接良好；其三，确保电源正常工作；其四，保证各个接口卡、内存无松动，接触良好；最后，考虑硬件的更换，还可以考虑最近是否添加或更换过硬件。通过排除法逐步缩小微机故障的范围。

（3）观察法。

观察法主要通过看、听、闻、摸四个环节，诊断微机故障。

看系统板卡的插头、插座是否歪斜，电阻、电容引脚是否相碰，表面是否烧焦，芯片表面是否开裂，主板上的铜箔是否烧断。是否有异物掉进主板的元器件之间，板上是否有烘变色的地方，印制电路板上的走线（铜箔）是否断裂等。

听 CPU 及电源风扇、硬盘电机或寻道机构等设备的工作声音是否正常。如果发生异常声响，要及时排查安全隐患，帮助在事故发生时即时采取措施，有效保护硬件和微机系统。

闻主机、板卡中是否有焦糊气味，便于发现故障和确定短路所在处。

摸板卡、芯片，查看板卡、芯片是否松动或接触不良。还可以通过用手触摸或靠近 CPU、显示器、硬盘等设备的外壳感受其发热情况，根据其温度可以判断设备运行是否正常；如果一些芯片的表面，如果发烫，则该芯片可能已损坏。

（4）拔插法。

拔插法是排除计算机故障最常用的法方之一，此方法的原理是计算机开机后 BIOS 会对计算机进行加电自检，如果不能顺利通过自检，BIOS 会发出报警声，不同的硬件故障会有不同的报警声。通过报警声初步判断故障所在，关机断电后把判断有故障的硬件拔出再重新插回，看故障是否消失，如果故障依旧，就说明不是该硬件的问题，再试其他的硬件，直到找到根源所在。

（5）替换法。

替换法是排除故障最常用的方法之一。此方法是用好的硬件替换可疑的硬件，若故障消失，说明原硬件的确有问题。主要操作是将同型号插件板或同型号芯片想到替换，根据故障现象的变化情况，判断故障所在处。此法多用于易拔插的维修环境，例如，如果内在自检出错，可替换相同的内存条来判断故障部位，若所替换的元件不存在问题，则故障现象依旧。若替换后故障现象变化，则说明替换的元件中有一块是坏的，可进一步通过逐块替换而确定部位。如果能找到相同型号的微机部件或外设，那么，使用替换法可以快速判定是否是元件配合本身质量问题。

（6）敲击法。

微机在运行中时好时坏，可能是虚焊或接触不良或金属氧化等原因造成的。对于这种情况，可以用敲击法进行检查。

（7）最小系统法。

硬件最小系统主要由电源、主板、CPU 和内存组成。在这个系统中，没有任何信号线的连接，只有电源到主板的电源连接。

在判断过程中是通过声音来判断这一核心组成部分是否可正常工作。在确认最小系统正常工作后，可以逐步增加硬件，直到找到发生故障的硬件。

此外，还可以采用比较法、软件测试法、安全模式法、逐步添加去除法等传统方法。诊断微机故障不会是一种方法的使用，往往是几种方法综合运用。因此，经验是微机故障诊断的重要保障，要学会不断总结提高，才能应对各种微机故障。

12.3　微机的软件故障及诊断

12.3.1　软件故障

软件故障一般是指由于不当使用微机软件而引起的故障，以及因系统或系统参数的设置不当而出现的故障。软件故障一般是可以恢复的，但一定要注意，某些情况下有的软件故障也可以转化为硬件故障。常见的软件故障有如下一些表现。

（1）软件不兼容。

有些软件在运行时与其他软件发生冲突，相互不能兼容。如果这两个软件同时运行，可能会中止系统的运行，严重的将会使系统崩溃。比较典型的例子是系统中存在多个杀毒软件，如果同时运行很容易造成微机死机。

（2）非法操作。

非法操作是由用户操作不当造成，如缺载软件时不使用缺载程序，而直接将程序所在的文件夹删除，这样不仅不能完全卸载该程序，反而会给系统留下大量的垃圾文件，成为系统故障隐患。

（3）误操作。

误操作是指用户在使用微机时，无意中删除了系统文件或执行了格式化命令。这样会导致硬盘中重要的数据丢失，甚至不能启动电脑。

（4）病毒的破坏。

有的电脑病毒会感染硬盘中的文件，使某程序不能正常运行；有的病毒会破坏系统文件，造成系统不能正常启动；还有的病毒会破坏微机的硬件，使用户蒙受重大的损失。

（5）参数设置错误。

基本的 CMOS 芯片设置、系统引导过程配置和系统命令配置的参数设置不正确或者没有设置，微机也会产生软件故障。

12.3.2　软件故障的常用诊断方法

微机出现软件故障时，可以从以下几个方面着手进行分析。

（1）注意提示。

当微机故障时，首先要冷静地观察微机当前的工作情况。比如，是否显示出错信息，是否在读盘，是否有异常的声响等，由此可初步判断出故障的部位。

同时，软件发生故障时，系统一般都会给出错误提示，仔细阅读并根据提示来诊断故障常常可以事半功倍。

（2）重新安装应用程序。

当确定是软件故障时，还要进一步弄清楚当前是在什么环境下运行什么软件，是运行系统软件还是运行应用软件。并了解系统软件的版本和应用软件的匹配情况。

如果在使用应用程序时出错，可将这个程序完全卸载后重新安装，通常情况下，重新安装可解决很多程序出错引起的故障。同样，重新安装驱动程序也可修复微机部件因驱动程序出错而发生的故障。

一些版本低的程序存在漏洞（特别是操作系统），容易在运行时出错。因此，如果一个程序在运行中频繁出错，可通过升级该程序的版本来解决。

（3）利用杀毒软件。

充分分析所出现的故障现象是否与病毒有关，要及时查杀病毒。

（4）寻找丢失的文件。

如果系统提示某个系统文件找不到了，可以从操作系统的安装光盘或使用正确的电脑中提取原始文件到相应的系统文件夹中。

（5）查看参数设置。

仔细观察 BIOS 参数的设置是否符合硬件配置要求，硬件驱动程序是否正确安装，硬件资源是否存在冲突等。

12.4 典型硬件故障的处理方法

12.4.1 CPU 故障

1. CPU 工作参数设置错误

故障现象：此类故障表现为无法开机或主频不正确，其原因一般是 CPU 的工作电压、外频、倍频设置错误所致。

故障解决：先清除 CMOS，通过 BIOS 重新设置 CPU 的工作参数，建议使用 BIOS 自动检测功能自动设置 CPU 参数。

2. CPU 温度过高

故障现象：CPU 温度过高也会导致电脑出现许多异常现象，例如自动关机等。

故障解决：可能的原因包括硅胶过多或过少，风扇损坏或老化，散热片需要清洁，散热片安装过松或过紧导致受力不均匀等。

3. CPU 风扇散热不良

故障现象：在使用时，机器频繁出现一个蓝色 Windows 警告窗口，接着便出现死机故障。

故障解决：因为该机每次重新开机时，刚开始工作正常，仅在几分钟后才出现死机现象，故障不像是由病毒引起的，这好像与机器的某些硬件，特别是 CPU 芯片的温度有关。关机，打开主机箱检查，当用手触摸 CPU 芯片的散热器时，感到温度很高，十分烫手，怀疑是 CPU 芯片或是其散热器上的排风扇不正常。在机箱盖打开的情况下启动机器，此时发现，CPU 芯片上散热器的排风扇转速十分缓慢，已失去正常散热功能。更换风扇后，问题解决。

12.4.2 主板故障

1. 电子元器件接触不良

故障现象：不能正常启动并报警，检测不到设备。

故障处理：主板最常见的故障就是电子元器件接触不良，主要包括芯片接触不良、板卡接触不良几个方面。可以根据系统不同的报警音，判断问题所在，通过拔插法、替换法解决故障。

2. CMOS 设置不能保存

故障现象：每次启动微机都提示 CMOS 错误。

故障处理：此类故障一般是由于主板电池电压不足造成，对此予以更换即可，但有的主板电池更换后同样不能解决问题，此时有两种可能：首先，主板电路问题，对此要找专业人员维修；其次，主板 CMOS 跳线问题，有的因为人为故障，将主板上的 CMOS 跳线设为清除选项，使得 CMOS 数据无法保存。

3. 开机无显示

故障现象：开机无显示，也无报警。

故障处理：由于主板原因，出现开机无显示故障一般是因为主板损坏或被病毒破坏 BIOS 所致。BIOS 被病毒破坏后硬盘里的数据将部分或全部丢失，可以通过检测硬盘数据是否完好来判断 BIOS 是否被破坏。

12.4.3 内存故障

1. 内存接触不良故障

故障现象：启动时发出警示声，系统无法启动。

故障解决：仔细检查内存是否与插槽保护良好的接触，如果怀疑内存接触不良，将内存插到位，问题得不到解决，再考虑关机运用拔插法将内存取下，用橡皮擦拭内存金手指，去掉氧化层，重新装好即可。

2. 内存出错引起系统错误

故障现象：机器运行过程中出现蓝屏。

故障处理：Windows 系统中运行的应用程序非法访问内存、内存中驻留了太多的应用程序、活动窗口打开太多、应用程序相关配置文件不合理等原因均能导致屏幕出现许多有关内存出错的信息。解决的方法是清除内存驻留程序、减少活动窗口、调整配置文件以减少启动程序、重装系统等。

3. 内存受到病毒影响

故障现象：病毒程序驻留内存、BIOS 参数中内存值的大小被病毒修改，将导致内存值与实际内存大小不符、内存工作异常等现象。

故障处理：采用杀毒软件杀除病毒；如果 BIOS 中参数被病毒修改，先将 CMOS 短接放电，重新启动机器，进入 CMOS 后仔细检查各项硬件参数，正确设置有关内存的参数值。

12.4.4 显示故障

1. 开机无显示

故障现象：启动计算机后报警，显示器无显示。

故障处理：出现此类故障一般是因为显卡与主板接触不良或主板插槽有问题造成的，只需进行清洁即可。对于一些集成显卡的主板，如果显存共用主内存，则需注意内存的位置，一般在第一个内存插槽上应插有内存。

2. 花屏

故障现象：开机后显示花展，有的使用过程中出现白屏。

故障处理：此类故障可能是由于显示器分辨率设置不当引起的。可以进入 Windows 的安全模式，重新设置显示器的显示模式即可。也可能由于显卡的显示芯片散热不良或显存速度低，需要改善显卡的散热性能或更换显卡。如果是笔记本还要考虑显示排线或显示屏损坏等原因，需要进行更换解决故障。

3. 显示颜色不正常

故障现象：开机后显示器显色不正常，发黄。

故障处理：此类故障一般是因为显卡与显示器信号线接触不良或显卡物理损坏。重新插拔信号线后，问题得不到解决要考虑可能是信号线针脚损坏；如果是显卡物理损坏则要更换显卡。此外，也可能是显示器的问题。

12.4.5 硬盘故障

随着硬盘的容量越来越大，转速越来越快，硬盘发生故障的概率也越来越高。初步统计，微机系统中 40% 以上的故障都是因为硬盘故障而引起的。硬盘损坏不像其他硬件那样有可替换性，因为硬盘上一般都存储着用户的重要资料，一旦发生严重的不可修复的故障，损失将无法估计。常见的硬盘故障有如下几种。

1. BIOS 无法识别硬盘

故障现象：BIOS 突然无法识别硬盘，或者即使能识别，也无法用操作系统找到硬盘。

故障处理：首先检查硬盘的数据线及电源线是否正确安装；其次检查跳线设置是否正确，如果一个 IDE 数据线上接了双硬盘（或一个硬盘一个光驱），主从盘是否设置；最后检查 IDE 接口或 SATA 接口是否发生故障。如果仍未解决，可断定硬盘出现物理故障，需更换硬盘。

2. 磁盘扫描程序发现错误甚至坏道

故障现象：进行磁盘扫描时提示错误或坏道。

故障处理：硬盘坏道分为逻辑坏道和物理坏道两种：逻辑性故障通常为软件操作不当或使用不当造成的，通过 Windows 自带的“磁盘扫描程序”可以修复故障；物理性故障，表明硬盘磁道产生了物理损伤，只能通过更换硬盘或隐藏硬盘扇区来解决。可利用 Partition Magic 等磁盘软件将其单独分为一个区并隐藏起来，让磁头不再去读它，这样可以在一定程度上延长硬盘的使用寿命。

3. 零磁道损

故障现象：开始硬盘无法自举，屏幕报错 HDD Controller Error，而后死机。

故障处理：零磁道损坏时，一般情况下很难修复，只能更换硬盘，磁盘上重要数据可以通过专业数据服务中心恢复。有时可以尝试“以 1 代 0”的方法，也就是在划分硬盘分区时，重新定义“0”磁道，将原来的“1”磁道定义为逻辑上的“0”磁道，避开已损坏的“0”磁道。

12.4.6 光驱故障

光驱最常见的故障有机械故障和电路故障。

1. 微机找不到光驱

故障现象：开机检测不到光驱。

故障处理：先检查一下光驱主从盘设置跳线是否正确；然后检查光驱 IDE 接口或 SATA 接口是否插接不良；最后考虑光驱数据线损坏与否，更换即可。

2. 进出盒故障

故障现象：按出仓按钮有动作但不能弹出。

故障处理：这类故障表现在不能进出盒或按几次才能进出盒。首先考虑机械故障，是由进出盒机械结构中的传送带松动打滑引起的，可更换尺寸小一些的传送带。其次考虑如果故障是由进出盒电机插针接触不良或电机烧毁引起的，建议更换光驱。

3. 挑碟或读碟能力差

故障现象：很多光盘不能读取，或读数据报错。

故障处理：这类故障是由激光头故障引起的。光驱时间长了或常用于视频光盘等，会造成激光头物镜变脏或老化，前者可以考虑用清洁光盘对光驱进行清洁，可改善读碟能力。如果激光头老化，可以调整激光头发光强度，但是这种方法对于光驱是一种破坏性的操作，会造成激光头不可逆转的损伤，一定要慎重。一般在光驱使用 3～5 年后会出现读盘不畅，属于正常老化情况，此时考虑更换新光驱。

12.4.7 其他故障

1. 微机工作时噪音大

故障现象：每次开机后，噪音特别大，运行一会后减小。

故障处理：出现这种情况多数是因为 CPU 散热风扇、机箱电源风扇或者机箱风扇的表面出现了过多的尘土，一定要高度重视，否则很可能出现烧毁硬件的后果。首先考虑清洁各风扇以及散热器上的尘土，给风扇轴承添加润滑油。

2. 微机运行一段时间后变慢

故障现象：开机后运行正常，后逐渐变慢。

故障处理：微机变慢的原因很多，首先考虑散热系统，因为 CPU 等过热会造成速度变慢，其次考虑更换 CMOS 电池，CMOS 电池一般为 3～5 年，长时间使用造成电池老化，会造成系统变慢。

3. 找不到移动硬盘

故障现象：将移动硬盘插入 USB 接口，硬盘查找不到。

故障解决：首先考虑主板 USB 端口供电能力不强的问题，这是最主要的原因，特别在一些笔记本电脑上表现尤为明显。其次，尽量使用主机后面板 USB 接口，减少 USB 延长线对供电的影响。同时使用过多的 USB 设备，也会造成该现象，建议拔掉其他 USB 设备。

12.5 典型软件故障的处理方法

12.5.1 BIOS 设置与驱动程序故障

1. BIOS 设置引起的错误提示

故障现象：微机在载入操作系统之前、启动或退出 Windows 的过程中以及操作使用过程中都可能会有一引起提示信息。

故障解决：可以根据其中错误提示，可迅速查出并排除错误。主板 BIOS 的提示信息主要有以下几种，如表 12-2 所示。

表 12-2 BIOS 错误提示信息

序号	提示信息	错误含义
1	BIOS ROM checksun error-System halted	这是 BIOS 信息在进行综合检查时发现了错误，它是由于 BIOS 损坏或刷新失败所造成的，出现这种现象时将无法开机，需要更换 BIOS 芯片或者重新刷新 BIOS
2	CMOS battery failed	这是指 CMOS 电池失效。当 CMOS 电池的电力不足时，应更换电池
3	Hard disk install failure	该信息表明硬盘安装失败。可检查硬盘的电源线和数据线是否安装正确，或者硬盘跳线是否设置正确
4	Hard disk diagnosis fail	该信息表明执行硬盘诊断时发生错误。此信息通常代表硬盘本身出现故障，可以先把这个硬盘接到别的电脑上试试看，如果还是一样，就只有换一块新硬盘了
5	Memory test fail	该信息表明内存测试失败，通常是因为内存不兼容或内存故障所导致，可以先以每次开机增加一条内存的方式分批测试，找出有故障的内在，把它拿掉或送修即可
6	Press TAB to show POST screen	这不是故障，而是表明按 Tab 键可以切换屏幕显示。有一些 OEM 厂商会以自已设计的显示画面来取代 BIOS 预设的 POST 显示画面，按 Tab 键可以在厂商自定义的画面和 BIOS 预设的 POST 画面之间切换

2. 硬件驱动程序故障

在 Windows 系统中，常需要人工安装驱动程序的标准设备一般是显卡、声卡等，外设如打印机、扫描仪等，网络设备如网卡等。

故障现象：常常会遇到因驱动程序丢失或不能正常工作，而造成微机的故障。

故障处理：首先分析造成设备不能正常工作的原因，主要由以下三种情况。

（1）驱动程序丢失或损坏。

驱动程序作为程序，在日常使用过程中丢失或损坏较为正常，常常会出现声卡突然没有了声音，网卡不能上网，很可能就是因为驱动程序丢失或损坏了。

解决办法就是到硬件官网下载该硬件驱动，通过驱动精灵或鲁大师检测并修复驱动程序。

（2）更新驱动程序。

电脑硬件技术发展很快，老的硬件设备与新生的硬件设备的驱动程序之间难免发生冲突，影响到电脑硬件的正常使用。操作系统不断更新换代，也促使硬件驱动程序必须及时更新以适应新的操作系统。并且更新驱动程序可以有效地提高电脑硬件的性能，有助于改善硬件的兼容性，从而提高硬件的稳定性。

更新驱动程序是指把老版本的驱动程序替换成新的版本。解决方法仍然是到官网下载或者运用软件工具辅助。

（3）驱动程序安装的故障。

一般情况下，安装或更新驱动程序都可能出现问题，如安装后设备无法正常工作、有时是系统出现故障或死机。

解决办法是在安装驱动程序之前，特别是来历不明或者是测试版的驱动程序，为了保险起见，可以先备份原驱动程序。还可以尝试用其他方法安装，如通过手动搜索安装，通过添加设备安装，通过系统更新安装等方法。如果问题得不到解决，考虑更换驱动程序，换成稳定的旧版本或是更新的版本。如果还是不行，可以考虑重新插拔设备，更换设备的接口位置。如果再不行，可以考虑去掉其他设备，单独安装该设备。最后，重装系统，先不安装其他设备，而单独安装该设备。这些方法都不行，就要考虑是不是设备和系统的问题了，可以换到其他机器上去进行比较。

12.5.2　操作系统故障

1. Windows 注册表故障

故障现象：由于注册表文件损坏而不能正常启动系统或运行应用程序的情况经常出现。

注册表损坏的症状主要有：①当使用过去正常工作的程序时，出现“找不到*dll”的信息；②应用程序出现“找不到服务器上的嵌入对象”或“找不到 OLE 控件”这样的错误提示；③当单击某个文档时，Windows 给出“找不到应用程序打开这种类型的文档”信息；④“资源管理器”页面包含没有图标的文件夹、文件或者陌生图标；⑤“开始”菜单或“控制面板”项目丢失或变灰；⑥不能建立网络连接；⑦Windows 系统仅能以安全模式启动；⑨Windows 系统明确显示“注册表损坏”信息等。

故障处理：Windows 的注册表实际上是一个数据库，它包含了微机的全部硬件、软件设置、当前配置、动态状态及用户特定设置 5 个方面的信息，主要存储在 Windows 目录下的 system.dat 和 user.dat 两个文件中。

日常应用中添加或者删除各种应用程序和驱动程序；由病毒、断电、CPU 被烧毁及硬盘错误引起的硬件更换或被损坏；用户的手工修改注册表等情况都会导致注册表的内容被损坏。因此解决注册表问题需要让注册表在正确的数据环境下工作，通过修复错误的注册表可以完成这个任务。

修复注册表一个行之有效方法就是恢复注册表，在系统正常运行情况下注册表是正确的，如果此时将注册表备份下来，用于未来恢复错误注册表就非常简单而且有效。其次，使用安全模式启动系统。如果在启动 Windows 系统时遇到注册表错误，则可以在安全模式下启动，系统会自动修复注册表问题。其三是重新安装相关设备，让 Windows 系统重新检测设备，也可以完成注册表的修复。

2. Windows 系统变慢

故障现象：Windows 系统使用一段时间后变的越来越慢。

故障处理：在硬件没有改变的情况下，要考虑长时间使用过程中要安装较多应用程序，特别是很多程序加载了启动项，这些程序会大量占用系统内存资源，造成系统变慢；其次有时将程序安装在 C 盘（系统盘）上造成 C 盘空间变小，影响到 Windows 虚拟内存，也会造成系统变慢；再次，反复的添加删除程序、文件会造成大量的磁盘碎片，读取硬盘文件时造成严重时间增长；另外，长时间浏览网页会造成 IE 临时文件夹文件增多，硬盘空间变小影响到虚拟内存时，会使系统变慢等。

因此可以对症分析后，通过磁盘清理、磁盘碎片整理、清除 IE 临时文件夹文件等改善硬盘读取数据的速度和增大空间，还可以通过系统配置实用程序禁止不常用的应用程序，提高系统速度。

方法是执行“开始”→“运行”命令，在文本框输入 msconfig，单击“确定”按钮即可，如图 12-3 和图 12-4 所示。

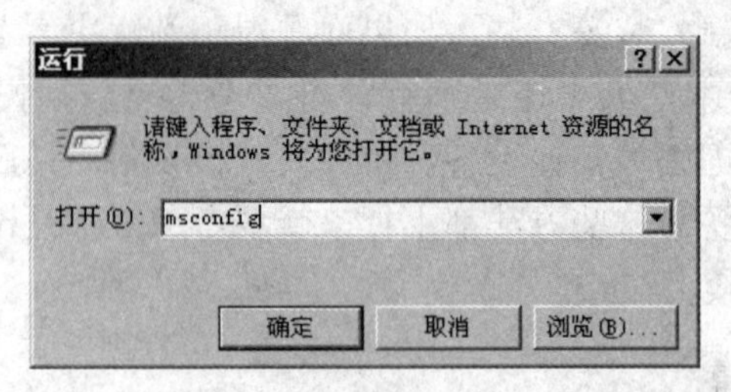

图 12-3 运行 msconfig 程序

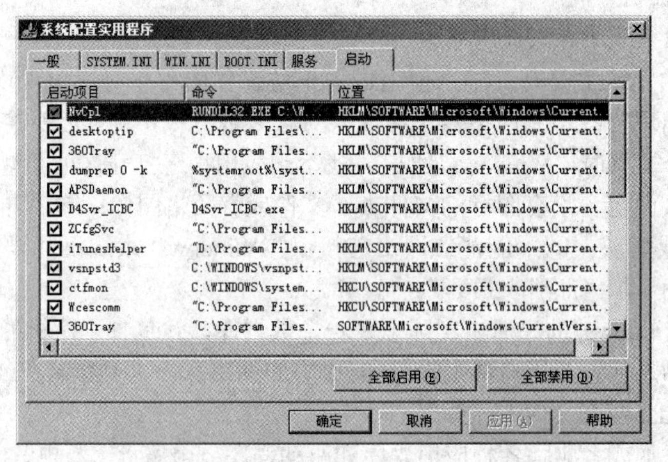

图 12-4 Windows 系统配置实用程序

12.5.3 应用软件故障

1. *无法安装应用软件故障*

故障现象：安装应用软件过程中出现错误信息提示，无论选择什么选项都会停止安装。

故障处理：造成以上故障原因很多，常见的主要有四方面。

（1）如果安装的软件是过去安装过，后来自动丢失，在重新安装过程中，提示不能安装。这是因为软件安装过一遍后，若破坏或丢失，系统会存在残留信息，只有将原来的注册信息全部删除后才能重新安装应用程序。一般通过注册表编辑器进行操作，找到并删除该应用软件的键值即可。

方法是执行“开始”→“运行”→“浏览”命令，在 C:\Windows 中找到 Regedit.exe 可执行文件，如图 12-5 和图 12-6 所示。

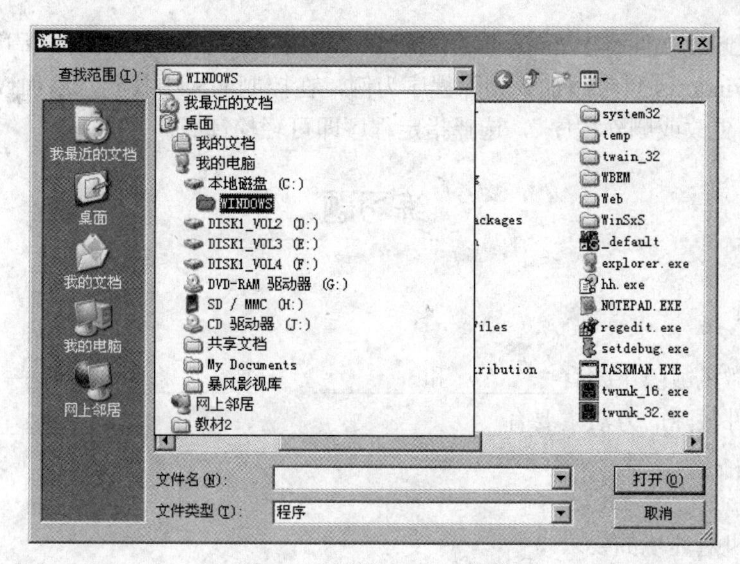

图 12-5　运行 Regedit 程序

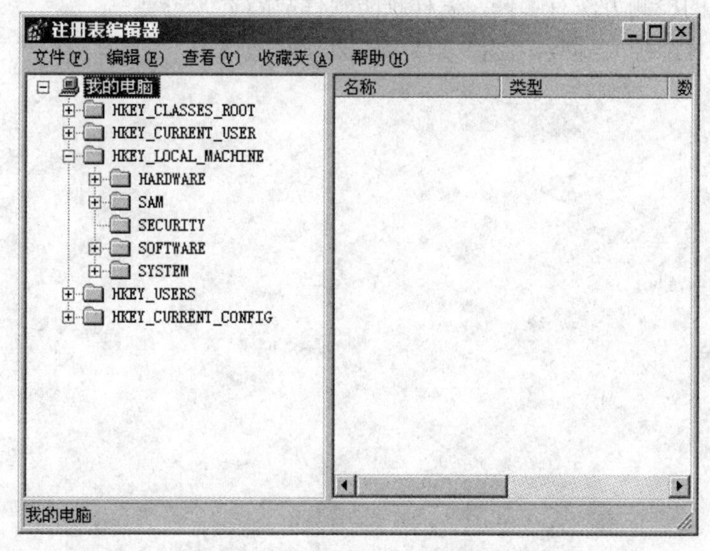

图 12-6　Windows 注册表编辑器

（2）如果系统软件的旧版本存在，在安装此软件的新版本过程中，提示不能安装。这时应先卸载旧版本，再安装新版本。

（3）有些软件安装不成功是由于用户的 Windows 系统文件安装不全所造成的，此时，按照提示将所需文件从安装盘里添加安装相应组件或支持文件即可。

（4）磁盘空间不足以安装该应用软件，也会导致应用软件安装失败，可以首先删除不必要文件以腾出足够的硬盘空间，再安装应用软件即可。

2. 软件无法卸载

故障现象：提示无法卸载软件，或找不到应用程序。

故障处理：有可能无意中删除了它的卸载程序，或者有些软件为了不让用户轻易卸载，就故意不显示卸载程序，让人无从下手。这种情况可以通过专业卸载软件来卸载这些无法卸载的软件。

常用的专业卸载软件有 Windows 优化大师、Windows 自带添加或删除程序，超级兔子魔法设置等，以 Windows 自带添加或删除程序为例，在控制面板中找到“添加或删除程序”，打开程序窗口中“更改或删除程序”，选择指定程序即可轻松卸载。

练习题

一、填空题

1．常见的微机故障主要有________和________，但是________要多一些。
2．判断硬件故障的方法主要有________、________、________、________。

二、简答题

1．简述微机对环境的要求。
2．常见的硬件故障有哪些，怎样处理这些故障？
3．软件故障的检测方法有哪些，怎样预防软件故障？
4．常见的软件故障有哪些，怎样处理这些故障？

计算机组装与维护实训方案

实训 1　微型计算机系统硬件组成

一、实训目的

1. 认识微型计算机（以下简称微机）各硬件。

2. 对微机主要硬件的连接有一个感性认识。

3. 熟悉主机箱内各硬件拆装方法。

二、实训准备

1. 首先进行分组，每组 3～4 人，确认组长。

2. 每小组一台微机。主要硬件包括：主板、CPU、内存条、显示器、键盘、鼠标、电源、硬盘、软驱、光驱等，显卡、声卡、网卡视主板集成情况而定。

3. 每小组一套工具：十字螺丝刀和尖嘴钳。

三、实训时间安排

实训时长为 2 学时。

四、注意事项

1. 拆卸和安装硬件时，一定要先仔细察看，再动手拆卸，不可过度用力以防损坏硬件。

2. 注意硬件“防呆设计”，防止误插错插，烧毁硬件。

3. 了解硬件的组装流程，不会拆卸和安装的硬件请求实训指导教师的帮助。

五、实训步骤

1. 拆开外部设备与主机的连接

① 观察显示器、键盘、鼠标等外部设备与主机的连接方式。

② 拔掉各连接线，并注意观察连接方式，防呆设计，保证能够正确连接。

2. 拆开主机箱，观察机箱内部硬件。

① 打开主机箱，观察主机箱的结构。

② 找到下列硬件的安装位置，并仔细观察它们的连接方式：主板、 CPU、内存条、电源、显卡、声卡、网卡、硬盘、软驱、光驱。

3. 拆卸硬盘

① 仔细观察硬盘在主机箱内的安装方式。

② 拔掉电源与硬盘相连的电源线。

③ 拔掉安在硬盘上的数据排线，并将数据排线的另一端从主板拔出。

④ 卸掉紧固硬盘的螺丝钉，取出硬盘。

4. 拆卸光驱及软驱（方法同拆卸硬盘）
5. 拆卸扩展卡（包括显卡、声卡、网卡等）
① 用工具卸掉紧固扩展卡的一个螺丝钉。
② 用双手将扩展卡从主板上拔出。
6. 拆卸 CPU
① 仔细观察 CPU 风扇的安装方式。
② 在实训教师的指导下拆卸 CPU 风扇。
③ 仔细观察 CPU 的安装方式。
④ 在实训教师的示范下拆卸 CPU。
7. 拆卸内存条
① 用双手掰开内存条插槽两边的白色卡柄，并用力下压。
② 取出内存条。
8. 拆卸主板
① 观察主板与主机箱的紧固方式。
② 观察信号线在主板上的插法。
③ 拆卸紧固主板的螺丝钉。
④ 拔掉安在主板上的信号线和电源线，取出主板。
⑤ 用尖嘴钳卸下主板与机箱间的铜柱。
9. 拆卸电源
① 观察电源与主机箱的紧固方式。
② 拆卸紧固电源的螺丝钉，取出电源。
10. 安装以上拆卸的电脑配件
① 思考安装顺序应该怎样，并拟出安装顺序方案。
② 按所拟安装顺序依次安装各硬件。
③ 无法安装的硬件请求实训指导教师的帮助。
11. 实训结束后，完成实训报告

实训 2　微机硬件市场调查

一、实训目的

1. 了解微机各硬件的市场行情，主要包括品牌、主要技术、类别以及价格等。
2. 熟悉微机各硬件技术指标的含义。
3. 了解微机硬件的最新发展趋势。

二、实训准备

通过实训 1、参考网络资源，了解微机组成，列出微机硬件组成表格。

三、实训时间安排

实训时长为 6 学时。其中通过网络检索信息（网络调查）2 学时，安排 4 学时到硬件市场做调查。

四、注意事项

1. 小组内分工合作，制定调查计划，分别调查了解各个硬件，并做好详细记录。
2. 组长负责，组内、组外相互交流，组内达成一致。

五、实训步骤

1. 通过专业网站提供的“模拟攒机”进行模拟，了解微机硬件组成。如中关村在线模拟攒机网址为 http://zj.zol.com.cn/。
2. 通过专业网站了解各硬件的品牌、种类、主要技术以及价格。
3. 实地考察当地电脑市场，对比网络调查结果，并做好详细记录。
4. 整理记录，完成实训报告。

实训3　主机拆装与硬件认识

一、实训目的

1. 使学生熟练拆装包括外部设备的微机硬件系统。
2. 能够准确识别微机各主要硬件。
3. 培养学生对微机综合性能的判断能力。

二、实训准备

1. 每小组一台微机（同实训 1）。
2. 每小组一套工具：螺丝刀和尖嘴钳。
3. 各组准备记录本及笔，及时做记录。
4. 熟练掌握微机硬件的组装流程。

三、实训时间安排

实训时长为 2 学时。

四、实训步骤

1. 参照实训 1 依次拆卸下各硬件，仔细观察硬件的外观及标识，详细记录各硬件的品牌、型号和技术指标等信息，记录在实训表 1-1 中。

实训表 1-1　微机各硬件识别

序号	硬件名称	品牌	型号	主要技术指标
1	CPU			
2	主板			
3	内存条			
4	显卡			

续表

序号	硬件名称	品牌	型号	主要技术指标
5	网卡			
6	声卡			
7	机箱			
8	电源			
9	光驱			
10	硬盘			
11	显示器			
12	鼠标			
13	键盘			

2. 熟练安装微机各硬件

① 认真研究第 8 章“组装计算机”，拟出安装方案。

② 根据注意事项，特别是硬件防呆设计，依方案顺次安装各硬件。

③ 安装过程思考各硬部件间连接特点及位置关系。

3. 对微机综合性能作出评价。

① 根据配置判断微机的生产时期。

② 按该机的配置，本机购置时微机用途。

③ 该机的配置的优缺点。

④ 根据目前微机硬件的发展，给出升级的建议。

4. 实训结束，完成实训报告

实训 4　设计微机配置单

一、实训目的

1. 进一步熟悉微机各硬件的技术指标。
2. 熟悉微机各硬件的选购方法策略。
3. 熟悉配置微机的原则、方法。

二、实训准备

1. 设置微机配置单。
2. 熟悉按用途微机配置原则。

三、实训时间安排

实训时长为 2 学时。

四、注意事项

1. 小组内讨论制定配置原则，制作配置单。
2. 选购硬件注意主板、CPU 和内存之间的联系。

五、实训步骤

1. 熟悉各个硬件的技术指标。

2. 通过专业网站提供的“模拟攒机”进行模拟，生成配置单。如中关村在线模拟攒机网址为 http://zj.zol.com.cn/。

3. 组内讨论配置方案的优劣，并写出评价。

4. 有机会到当地电脑市场按照设计配置方案“模拟购买”，并做好详细记录。

5. 整理记录，完成实训报告。

实训 5　BIOS 设置

一、实训目的

1. 熟悉 BIOS 的设置方法。
2. 了解 BIOS 的主要功能。
3. 熟练设置 BIOS 常用功能。

二、实训准备

1. 每小组一台可运行的微机。
2. 提前阅读并理解教材相关内容。

三、实训时间安排

实训时长为 2 学时。

四、注意事项

1. 设置的密码要牢记，并在结束实训时，取消所设置密码，防止影响后续其他实训。

2. 先理解各 BIOS 项目的含义再予以设置，否则可能造成系统无法正常启动或烧毁硬件。

3. 实训结束时，将所有设置恢复到实训初始状态。

五、实训步骤

1. 进入 BIOS 设置界面

① 开机，观察屏幕上相关提示。

② 按屏幕提示，按 Del 键或 F2 键，启动 BIOS 设置程序，进入 BIOS 设置界面。

③ 判断 BIOS 厂商，了解设置程序的特点。

2. 根据屏幕帮助，用键盘查看并熟悉各项目设置方法

① 观察 BIOS 主界面相关按键使用的帮助。

② 依照帮助，分别按“左”、“右”、“上”、“下”光标键，观察光条的移动。

③ 按回车键，进入子界面，再按 Esc 键返回主界面。

④ 尝试主界面帮助的其他按键，并理解相关按键的含义。

3. 逐一理解主界面上各项目的功能

① 选择第一个项目，按回车键进入该项目的子界面。

② 仔细观察子菜单。

③ 明确该项目的功能。

④ 依次明确其他项目的功能。

4. CMOS 设置

① 进入标准 CMOS 设置子界面。

② 设置日期和时间。

③ 观察硬盘参数。

④ 设置软驱。

⑤ 退出子界面，保存设置。

5. 设置启动顺序

① 进入启动顺序设置子界面。

② 改变现有启动顺序。

③ 退出子界面，保存设置。

6. 设置密码

① 选择密码设置选项。

② 输入密码（两次），并做好记录。

③ 退出子界面，保存设置。

④ 退出 BIOS 设置程序，并重新开机，观察新设置密码是否生效。

⑤ 取消所设置密码。

7. 载入故障安全或优化默认值

8. 阅读教材或相关参考资料，尝试其他项目的设置

9. 实训结束，完成实训报告

实训 6 硬盘分区与格式化

一、实训目的

1. 熟练硬盘分区与格式化。
2. 掌握常见的磁盘工具的使用方法。
3. 学会创建 WinXP 系统盘（光盘或 U 盘），用于启动系统。

二、实训准备

1. 每小组一台可正常运行的微机（有光驱或主板支持 U 盘启动）。
2. 每小组一张 WinXP 系统盘（光盘或 U 盘）。
3. 每小组一张包含 PartitionMagic 的工具光盘。

三、实训时间安排

实训时长为 2 学时。

四、注意事项

不得多次格式化硬盘，以延长硬盘寿命。

五、实训步骤

1. 开机进入 BIOS 设置程序，将开机顺序设置为：光驱或 USB 优先，其中 USB 包含 HDD、FDD 和 ZIP 等多种模式，根据创建系统盘所选用模式选择即可。退出 BIOS 设置程序。

2. 用系统盘启动系统

① 将系统盘插入光驱或 USB 接口（最好是主机箱背部接口）。

② 重新开机，等待启动系统。

3. 利用系统盘提供的硬盘分区命令进行分区

① 如果是新硬盘或没有分区的硬盘，会出现如图实训 6-1 所示界面，按照屏幕提示按键盘 C 键，开始创建磁盘分区。

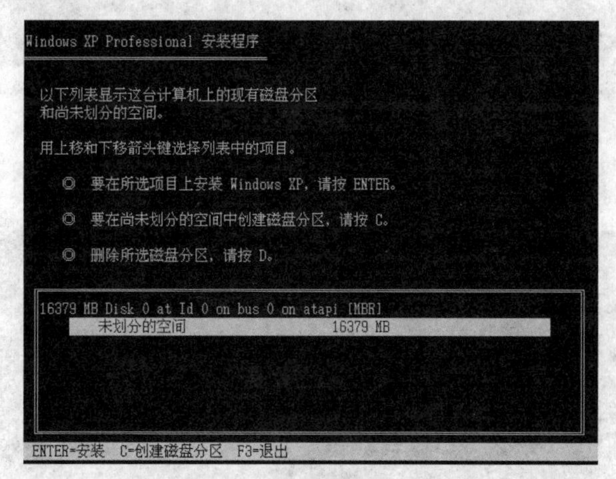

实训 6-1 WinXP 系统盘分区工具

② 如图实训 6-2 所示，输入创建磁盘分区的大小，如 10000MB，按 Enter 键确认。

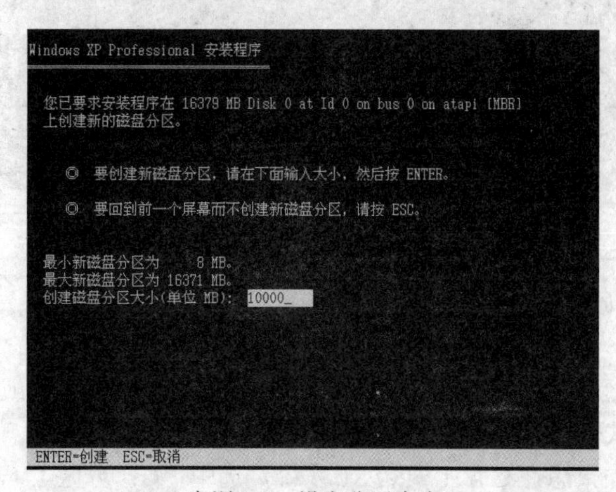

实训 6-2 设定分区大小

③ 重复以上步骤，完成整个硬盘分区。

4. 删除现有硬盘分区

① 如果磁盘分区创建不符合要求，可以删除重新建立；选择现有分区，按键盘 D 键。

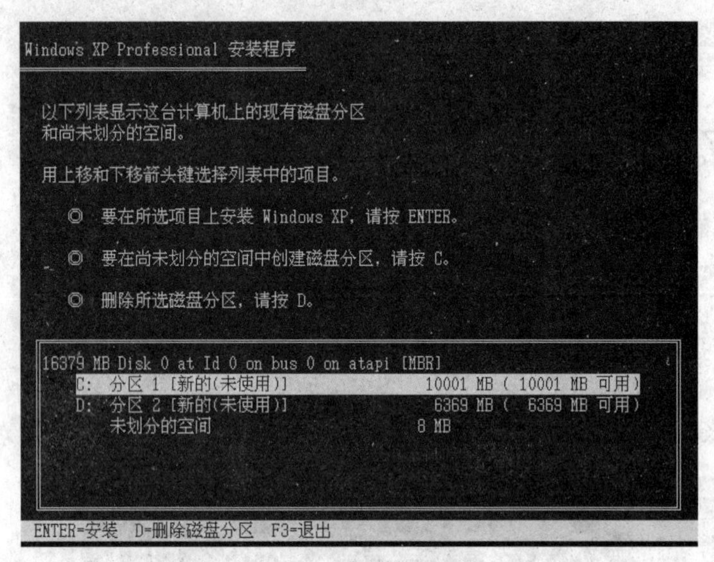

实训 6-3 删除磁盘分区

② 此时出现如图 6-4 所示界面，按键盘 L 键完成磁盘分区的删除。

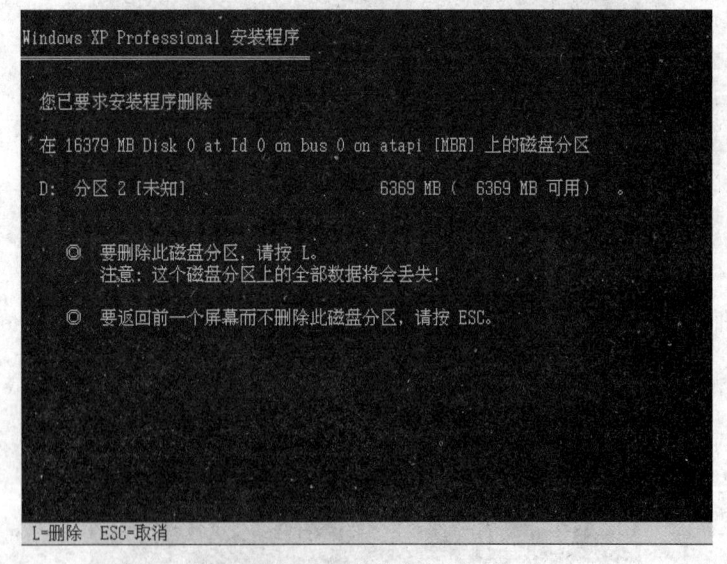

实训 6-4 删除磁盘分区

③ 逐一删除本机硬盘中的所有磁盘分区。

5. 格式化硬盘

硬盘分区之后，还不能直接使用，如果要在分区上安装操作系统或者存储其他数据，必须对分区进行高级格式化，下面简称格式化。

硬盘分区之后，如果想在 C 盘上安装 XP 系统，选中“C：分区 1”，按 Enter 键进入格式化界面。一般选择“用 NTFS 文件系统格式化磁盘分区（快）”选项，能够快速完成磁盘格式化，如图 6-5 所示。

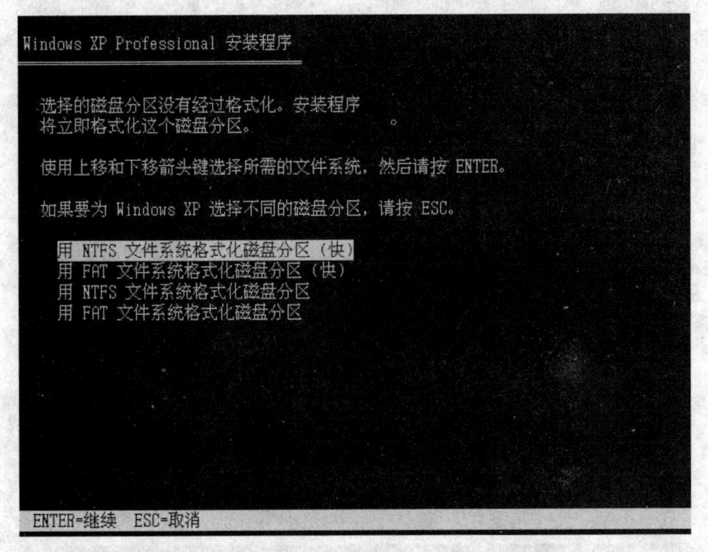

实训 6-5　磁盘格式化

6. 尝试利用 PartitionMagic 对硬盘进行分区以及格式化，或者调整分区大小等操作。

7. 实训过程中记录有关数据，完成实训报告。

实训 7　安装 Windows XP 操作系统

一、实训目的

1. 能熟练安装 Windows XP 操作系统。

2. 掌握安装常用 Windows 操作系统的一般方法。

二、实训准备

1. 每小组一台可正常运行的微机（有光驱或主板支持 U 盘启动）。

2. 每小组一张 Windows XP 系统光盘或 U 盘。

三、实训时间安排

实训时长为 2 学时。

四、实训步骤

1. 如实训 6，利用系统盘完成硬盘的分区与格式化。

2. 在接下来安装过程“区域和语言选项”页面上，根据需要添加语言支持和更改语言设置。

3. 在安装程序完成后，计算机会启动到 Windows XP 桌面设置向导，之后需要创建用户账户。

4. 进行完以上步骤之后，会出现以下界面，如图实训 7-1 至图实训 7-4 所示。

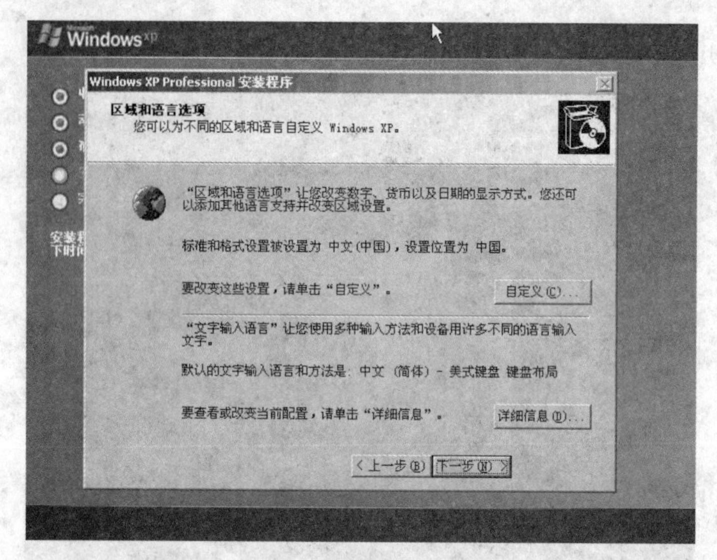

实训 7-1 区域和语言选项

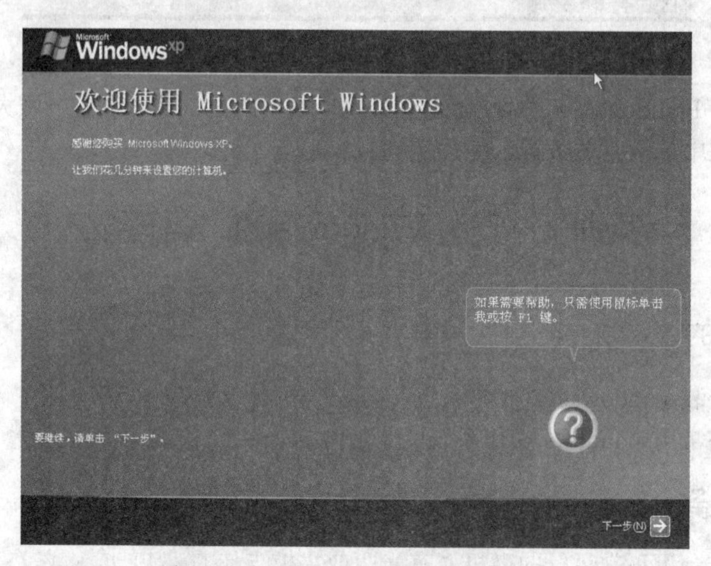

实训 7-2 Windows XP 桌面设置向导

实训 7-3 Windows XP 安装成功界面

5. 利用驱动精灵完成硬件驱动程序的安装（要求微机能够上网），如图实训 7-4 所示。

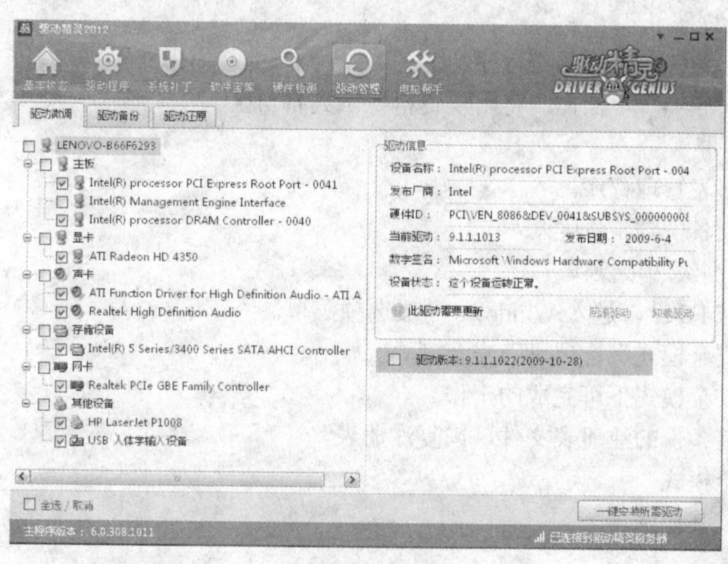

实训 7-4 驱动精灵

6. 在实训过程中认真记录，完成实训报告。

实训 8 系统备份与恢复

一、实训目的

1. 了解备份与恢复的基本方法。
2. 学会最常见的系统备份方法。
3. 掌握最常见的系统恢复方法。
4. 基本掌握一键还原精灵的使用。

二、实训准备

1. 每小组一台可正常运行的微机（有光驱或主板支持 U 盘启动）。
2. 每小组一张可启动系统的 Windows 系统盘。
3. 每小组预先下载一键还原精灵软件。

三、实训时间安排

实训时长为 2 学时。

四、实训步骤

1. 设计备份方案：主要包括备份内容、备份工具以及备份位置等。
2. 拷贝用户资料
① 找到“我的文档”文件夹，将其中的用户资料拷入备份区。
② 找到浏览器中“收藏夹”所在的文件夹，将其中的资料拷入备份区。

③ 启动邮件管理软件，将其中的有关资料备份到备份区。

3. 启用备份程序

① 启动操作系统自带的备份程序。

② 按程序向导一步步操作，将用户资料备份到备份区。

4. 注册表备份

① 启动注册表管理程序。

② 将注册表备份到备份区。

5. Windows 高级选项操作

① 开机，按 F8 键，进入 Windows 高级选项菜单。

② 选择“安全模式”选项进入安全模式。

③ 尝试在安全模式下可完成的工作。

④ 利用先前备份的注册表文件，恢复注册表。

⑤ 退出安全模式。

⑥ 依次尝试其他选项。

6. 系统还原

① 进入系统，启动系统还原程序。

② 设置还原点。

③ 退出系统，重新开机，进入安全模式。

④ 在安全模式下还原系统。

7. “恢复控制台”操作

① 进入 BIOS 设置程序，将开机顺序放置为光驱或 USB 启动优先。

② 将系统光盘放入光驱（或 U 盘插入 USB 端口）中，重新开机启动系统。

③ 进入安装程序主界面之后，选择“要用‘恢复控制台’修复 Windows 安装”。

④ 随后按提示操作。

8. 用一键还原精灵备份和恢复系统

① 开机，进入系统，安装一键还原精灵程序。

② 建议再次启动微机，然后按键盘 F11 键启动一键还原精灵。

③ 利用一键还原将本机安装操作系统的分区备份到备份磁盘分区。

④ 再次重启微机，按键盘 F11 键启动一键还原精灵程序，并用它来恢复操作系统。

9. 完成实训报告

实训 9　微机硬件检测与测试

一、实训目的

1. 掌握 EVEREST Ultimate Edition 5.50 Final 的使用。

2. 尝试其他硬件测试软件的使用。

二、实训准备

每小组一台可正常运行的微机，并能够正常上网。

三、实训时间安排

实训时长为 2 学时。

四、注意事项

1. 使用软件之前提前阅读相关帮助文件。
2. 如对英文理解有障碍，可先使用中文版或汉化版。

五、实训步骤

1. 通过网络检索下载 EVEREST Ultimate Edition 5.50 Final。为保证微机系统安全，建议大家到知名网站下载，如天空软件站、华军软件园等。
2. 安装 EVEREST Ultimate Edition 5.50 Final。
3. 运行 EVEREST Ultimate Edition 5.50 Final。
① 仔细认识软件界面组成。
② 查看软件的帮助系统。
③ 按帮助系统提示，尝试软件的功能。
④ 逐一测试各个硬件。
⑤ 认真记录所进行的测试。
4. 尝试其他硬件测试软件。
5. 卸载所安装的测试软件。
6. 完成实训报告。